PESQUISA OPERACIONAL PARA CURSOS DE ENGENHARIA DE PRODUÇÃO

Blucher

Eder Oliveira Abensur

PESQUISA OPERACIONAL PARA CURSOS DE ENGENHARIA DE PRODUÇÃO

Pesquisa operacional para cursos de Engenharia de Produção

© 2018 Eder Oliveira Abensur

Editora Edgard Blücher Ltda.

Imagem da capa: iStockphoto

Blucher

Rua Pedroso Alvarenga, 1245, 4° andar

04531-934 – São Paulo – SP – Brasil

Tel.: 55 11 3078-5366

contato@blucher.com.br

www.blucher.com.br

Segundo Novo Acordo Ortográfico, conforme 5. ed. do *Vocabulário Ortográfico da Língua Portuguesa*, Academia Brasileira de Letras, março de 2009.

É proibida a reprodução total ou parcial por quaisquer meios sem autorização escrita da editora.

Todos os direitos reservados pela Editora Edgard Blücher Ltda.

Dados Internacionais de Catalogação na Publicação (CIP)
Angélica Ilacqua CRB-8/7057

Abensur, Eder Oliveira
   Pesquisa operacional para cursos de Engenharia de Produção / Eder Oliveira Abensur. – São Paulo: Blucher, 2018.
      200 p.: il.

Bibliografia
ISBN 978-85-212-1200-3

1. Engenharia de Produção 2. Pesquisa operacional 3. Modelos matemáticos 4. Programação linear I. Título.

17-0710	CDD 658.404

Índice para catálogo sistemático:
1. Engenharia de Produção: Pesquisa operacional

Ao meu filho Leonardo (Léo), que preenche nossas vidas com a sua felicidade, e à minha esposa Patrícia, pela presença e pelo apoio em todos os momentos.

À memória de meus pais Abrão e Presalina e do amigo Hélio Braga da Silveira.

CONTEÚDO

INTRODUÇÃO   **11**

1. ORIGENS DA PESQUISA OPERACIONAL   **13**

    1.1 No mundo   13

    1.2 No Brasil   14

    1.3 Interfaces com a engenharia de produção   14

2. MODELAGEM MATEMÁTICA   **17**

    2.1 Conceito   17

    2.2 O problema do exame final   19

    2.3 Fluxo lógico da modelagem matemática   23

3. PROGRAMAÇÃO LINEAR   **27**

    3.1 Contextualização e teoremas   27

    3.2 Problema introdutório e resolução gráfica   30

    3.3 Algoritmo simplex   33

    3.4 Resolução por computador   36

3.5 Dualidade	40
3.6 Análise de sensibilidade	43
3.7 Problemas de transporte	45
3.7.1 *Resolução na forma tabular*	48
3.7.2 *Resolução na forma de rede*	49
3.7.3 *Aplicação não convencional do modelo de transportes*	51
3.8 Aplicações de PL em engenharia de produção	53
3.8.1 *Composição química*	53
3.8.2 *Planejamento agregado da produção*	54
3.8.3 *Logística*	55

4. PROGRAMAÇÃO LINEAR INTEIRA — 67

4.1 Contextualização e o algoritmo *branch-and-bound*	67
4.2 Programação inteira e binária e resolução por computador	71
4.3 Aplicações em engenharia de produção	77
4.3.1 *Gestão de estoques*	77
4.3.2 *Roteirização de assistência técnica*	80
4.3.3 *Localização de instalações*	83
4.3.4 *Programação de corte de bobinas*	87

5. PROGRAMAÇÃO DINÂMICA DETERMINÍSTICA — 99

5.1 Conceitos e terminologia	99
5.2 Recursão progressiva	101
5.3 Recursão regressiva	104
5.4 Aplicações em engenharia de produção	105
5.4.1 *Substituição de equipamentos*	105
5.4.2 *Gestão de estoques*	108

6. PROGRAMAÇÃO NÃO LINEAR — 115

6.1 Conceito e características — 115

6.2 Otimização clássica — 117

6.3 Resolução por computador — 124

6.4 Tipos de problemas de programação não linear — 127

    6.4.1 *Programações quadráticas* — 127

    6.4.2 *Programações côncava e convexa* — 127

    6.4.3 *Programação fracionária* — 128

6.5 Aplicações em engenharia de produção — 130

    6.5.1 *Arbitragem cambial* — 130

7. SISTEMAS DE FILAS — 137

7.1 Conceito, classificação e terminologia — 138

7.2 Probabilidade aplicada aos sistemas de filas — 143

7.3 Sistema M/M/1 — 145

7.4 Sistema M/M/1/K — 148

7.5 Sistema M/M/m — 150

7.6 Sistema M/M/m/K — 152

7.7 Aplicações em engenharia de produção — 156

    7.7.1 *Dimensionamento de pontos de carregamento de combustíveis* — 156

8. HEURÍSTICAS — 163

8.1 Conceito e contextualização — 163

8.2 Heurística construtiva — 164

8.3 Heurística de melhoria — 166

8.4 Programação Visual Basic para o problema da mochila — 168

8.5 Regras de despacho — 173

8.6 Aplicações em engenharia de produção — 180

    8.6.1 *Sequenciamento de projetos de investimento* — 180

REFERÊNCIAS	**187**
RESULTADOS DE ALGUNS EXERCÍCIOS	**191**
ÍNDICE REMISSIVO	**195**

INTRODUÇÃO

O objetivo deste livro é oferecer um suporte à formação profissional dos engenheiros de produção por meio de aplicações práticas e realistas do uso da pesquisa operacional (PO) integrada a linguagens e ferramentas computacionais de fácil acesso no cotidiano.

A estreita relação da PO e sua relevância nos cursos de Engenharia de Produção podem ser notadas na denominação conferida por algumas das principais universidades americanas (Berkeley, Columbia University, University of Michigan). Nelas, o curso denomina-se Industrial Engineering and Operations Research.

No Brasil, a PO está intimamente ligada aos cursos de Engenharia de Produção, fazendo parte da estrutura curricular sugerida pela Associação Brasileira de Engenharia de Produção (Abepro). A presença da PO na estrutura desses cursos não foi casual, mas decorrente da competência adquirida por alguns dos pioneiros que implantaram os cursos de Engenharia de Produção no Brasil.

As aplicações selecionadas correspondem às atribuições profissionais comumente exercidas por engenheiros de produção. Também fazem parte da experiência profissional do autor e de orientações de alunos de graduação da Universidade Federal do ABC (UFABC) que fizeram uso da PO em seus trabalhos.

Toda a estrutura didática deste livro tem como ponto de partida o esforço metódico de modelagem matemática apresentado no Capítulo 2. Essa é a principal dificuldade e desafio no aprendizado e domínio das técnicas de PO pelos alunos.

Os Capítulos 3 a 5 são tópicos comuns das ementas das disciplinas denominadas Pesquisa Operacional I. Os Capítulos 6 a 8 são mais comumente encontrados na disciplina Pesquisa Operacional II.

Apesar de ter sido desenvolvido para uso dos alunos de graduação dos cursos de Engenharia de Produção, a diversidade das aplicações e a acessibilidade do texto permitem que ele seja oferecido também a outras graduações, como Administração e Ciências da Computação.

CAPÍTULO 1
ORIGENS DA PESQUISA OPERACIONAL

1.1 NO MUNDO

Ao contrário de outras disciplinas cujo nome é facilmente associado à sua aplicação ou conteúdo teórico (por exemplo, Arranjo Físico, Tempos e Métodos, Planejamento e Controle da Produção, Desenvolvimento de Produto, Custos, Cálculo Diferencial e Integral), o nome Pesquisa Operacional (PO) não ajuda a estabelecer sua relação com o método científico que suporta a tomada de decisão de uma série enorme de situações e problemas reais. Entretanto, é este o nome historicamente consagrado desse método e/ ou disciplina, uma tradução direta de "Operations Research" ou "Operational Research".

Muitas referências literárias (ARENALES; ARMENTANO; MORABITO, 2007; COLIN, 2007; HILLIER; LIEBERMAN, 2006; LACHTERMACHER, 2002; TAHA, 2008) apontam que só por ocasião da Segunda Guerra Mundial (1939-1945) o termo pesquisa operacional foi usado para descrever um método nascido de grupos interdisciplinares de cientistas que pretendiam resolver problemas estratégicos, táticos e operacionais de administração militar. Após a guerra, esse método disseminou-se pelo mundo empresarial, mas só alcançou popularidade quando foi incorporado a ferramentas computacionais comuns e acessíveis ao público, como as planilhas eletrônicas (Excel, LibreOffice). Isso só foi possível com o advento e desenvolvimento dos computadores pessoais a partir de 1980.

Em linhas gerais, a pesquisa operacional pode ser usada sempre que houver uma necessidade de alocação eficiente de recursos limitados e que são disputados por atividades alternativas. Por causa da diversidade e da relevância das aplicações de PO, várias das principais universidades americanas denominam o curso de Engenharia de Produção como "Industrial Engineering and Operations Research" (Berkeley, Columbia University, University of Michigan).

No Brasil, a pesquisa operacional é um tipo de abordagem comum aplicada por alunos, acadêmicos e profissionais de várias atividades, mas principalmente por engenheiros de produção.

1.2 NO BRASIL

Não há uma data específica, evento ou um nome com o qual possa ser relacionada a introdução da pesquisa operacional no Brasil. Entretanto, a coletânea de aplicações do método simplex, publicadas a partir de 1955 pelo professor Ruy Leme, foi um marco para a sua disseminação no país (Figura 1.1). Essa obra apresentava várias aplicações de programação linear amparadas pelo método simplex a problemas brasileiros da época (agricultura, programação da produção, transporte marítimo) exaustivamente resolvidos com as limitadas ferramentas de cálculo do período. Além da otimização dos resultados em si, esse trabalho é de grande valor conceitual, pois explicava e difundia o algoritmo simplex, até então uma novidade.

Se não há um marco para a PO, ele existe para a engenharia de produção no Brasil. O professor Ruy Leme foi o criador do primeiro curso implantado na Escola Politécnica da USP em abril de 1955 (ABEPRO, 2015). Desde então, a PO é uma das áreas de conhecimento típicas dos cursos de Engenharia de Produção brasileiros.

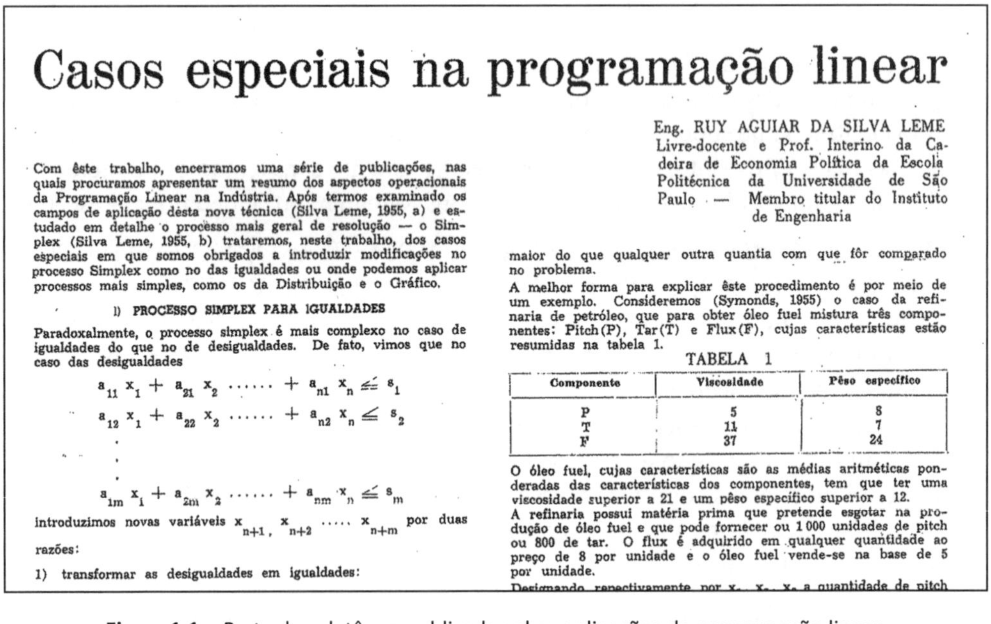

Casos especiais na programação linear

Eng. RUY AGUIAR DA SILVA LEME
Livre-docente e Prof. Interino da Cadeira de Economia Política da Escola Politécnica da Universidade de São Paulo — Membro titular do Instituto de Engenharia

Com êste trabalho, encerramos uma série de publicações, nas quais procuramos apresentar um resumo dos aspectos operacionais da Programação Linear na Indústria. Após termos examinado os campos de aplicação désta nova técnica (Silva Leme, 1955, a) e estudado em detalhe o procèsso mais geral de resolução — o Simplex (Silva Leme, 1955, b) trataremos, neste trabalho, dos casos especiais em que somos obrigados a introduzir modificações no processo Simplex como no das igualdades ou onde podemos aplicar processos mais simples, como os da Distribuição e o Gráfico.

1) PROCESSO SIMPLEX PARA IGUALDADES

Paradoxalmente, o processo simplex é mais complexo no caso de igualdades do que no de desigualdades. De fato, vimos que no caso das desigualdades

$$a_{11} x_1 + a_{21} x_2 \ldots\ldots + a_{n1} x_n \leqq s_1$$
$$a_{12} x_1 + a_{22} x_2 \ldots\ldots + a_{n2} x_n \leqq s_2$$
$$\vdots$$
$$a_{1m} x_1 + a_{2m} x_2 \ldots\ldots + a_{nm} x_n \leqq s_m$$

introduzimos novas variáveis $x_{n+1}, x_{n+2} \ldots\ldots x_{n+m}$ por duas razões:

1) transformar as desigualdades em igualdades:

maior do que qualquer outra quantia com que fôr comparado no problema.

A melhor forma para explicar êste procedimento é por meio de um exemplo. Consideremos (Symonds, 1955) o caso da refinaria de petróleo, que para obter óleo fuel mistura três componentes: Pitch(P), Tar(T) e Flux(F), cujas características estão resumidas na tabela 1.

TABELA 1

Componente	Viscosidade	Pêso específico
P	5	8
T	11	7
F	37	24

O óleo fuel, cujas características são as médias aritméticas ponderadas das características dos componentes, tem que ter uma viscosidade superior a 21 e um pêso específico superior a 12.

A refinaria possui matéria prima que pretende esgotar na produção de óleo fuel e que pode fornecer ou 1 000 unidades de pitch ou 800 de tar. O flux é adquirido em qualquer quantidade ao preço de 8 por unidade e o óleo fuel vende-se na base de 5 por unidade.

Figura 1.1 Parte da coletânea publicada sobre aplicações de programação linear.

1.3 INTERFACES COM A ENGENHARIA DE PRODUÇÃO

A Figura 1.2 a seguir mostra algumas das muitas e fortes interseções da PO com a engenharia de produção, provendo suporte à otimização de decisões típicas como

> ### QUADRO 1.1 PROFESSOR RUY AGUIAR DA SILVA LEME
>
> Engenheiro civil formado em 1949 pela Escola Politécnica da USP, tendo atuado como professor-assistente entre 1949 e 1953 e professor interino em 1953.
>
> Fundou o curso de Engenharia de Produção em abril de 1955. O curso formou sua primeira turma em 1960 e permaneceu como opção da Engenharia Mecânica até 1970. Com a aprovação pela Congregação da Escola Politécnica da USP, houve a criação de uma graduação autônoma em Engenharia de Produção.
>
> Como diretor da Faculdade de Ciências Econômicas e Administrativas da USP de 1957 a 1960, fundou o Departamento de Administração da FEA/USP e implantou cursos de pós-graduação. Foi também presidente do Banco Central do Brasil entre 1967 e 1968.
>
> Além da relevante vida pública, o professor Ruy Leme era aficionado pela programação linear. Suas publicações de 1955 com aplicações do método simplex na indústria, agricultura e transporte marítimo ajudaram a disseminar a pesquisa operacional (PO) no Brasil.
>
> Fonte: FEA/USP.

programação da produção, substituição de equipamentos, localização de instalações, desenvolvimento de produto, programa de manutenção preventiva, arranjo físico, gestão de portfólio de investimentos, programa de distribuição de produtos acabados, sequenciamento de tarefas de produção ou serviços, dimensionamento de postos de atendimento etc.

Simultaneamente, a PO requisita dados de fontes típicas de atuação da engenharia de produção, como custos, posição e demanda de itens de estoque, controle estatístico do processo (CEP), entre outras. Em particular, os dados de custos são de grande interesse, pois em geral os modelos matemáticos de engenharia minimizam os custos do processo analisado ou maximizam o lucro (receita menos custos).

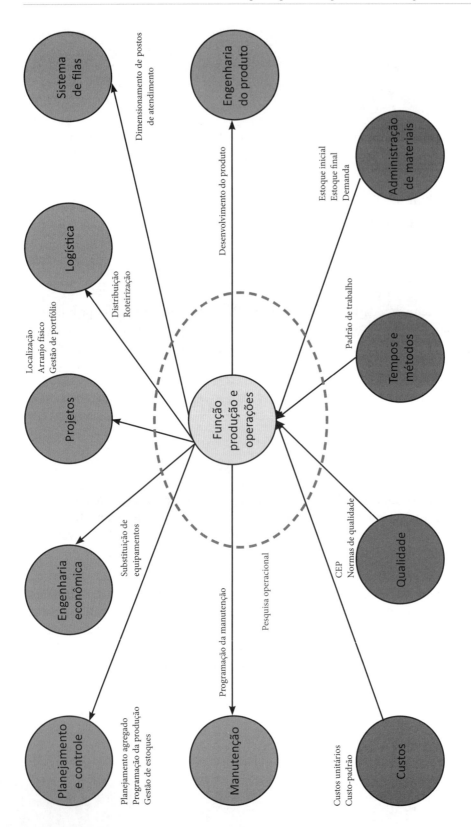

Figura 1.2 Contexto da pesquisa operacional na função produção e operações.

CAPÍTULO 2
MODELAGEM MATEMÁTICA

2.1 CONCEITO

A melhor definição para modelagem matemática vem da comparação com o trabalho artístico de artesãos de cerâmica (Figura 2.1). Eles reproduzem suas obras visualizando o objeto, moldando-o de modo manual e com aplicação simultânea de elementos que permitem sua deformação material até o ponto que consideram que o objeto está reproduzido. Diferentes artesãos modelarão o mesmo objeto de maneira distinta, pois, além das variações devidas à sensibilidade manual, a leitura e a interpretação da realidade variam entre os seres humanos.

Na modelagem matemática, o objeto é o problema em análise. Essa realidade é reproduzida, conforme o simbolismo matemático, numa estrutura que sintetiza as principais características do problema estudado. Da mesma maneira que na cerâmica e no vidro, diferentes modeladores poderão incorporar mais ou menos características do problema, ou mesmo simplificarão a análise para uma obtenção mais rápida das soluções. Por esses motivos, a modelagem matemática é também considerada uma espécie de arte. Portanto, um modelo não é igual à realidade, mas uma simplificação que guarda similaridades suficientes com a realidade, não comprometendo as conclusões obtidas por meio de sua análise.

Para uma apreciação prática desse importante processo de leitura e interpretação da realidade, é apresentada a seguir a modelagem matemática do problema da pontuação de um exame final de uma disciplina realizada por três diferentes modeladores.

Figura 2.1 Modelagem em argila e vidro.

2.2 O PROBLEMA DO EXAME FINAL

Com o intuito de estimular o estudo de seus alunos, um professor estabeleceu um critério de pontuação para o exame final de sua disciplina. O exame consistia em 50 questões de múltipla escolha. As questões certas possuíam peso 2, mas cada duas questões erradas anulavam uma questão certa. A nota final do exame era atribuída em função do saldo de questões certas. O desafio é elaborar um modelo matemático para a avaliação dos alunos. Se uma certa aluna tirou nota 7,0, qual foi a proporção de questões certas e erradas?

Figura 2.2   Alunos em exame final.

As propostas dos modelos matemáticos dos modeladores e a resposta à pergunta feita são mostradas a seguir.

Modelo matemático do modelador 1

$$Z = \frac{2}{10}\left(x - \frac{y}{2}\right) = 7,0 \qquad \text{Nota final}$$

Sujeito a:

$x + y = 50$ \qquad Total de questões da prova

$x, y \in \{0, 1, 2, 3, ..., 50\}$ \qquad Faixa de variação das questões

Em que:

x = total de questões certas;

y = total de questões erradas.

Pelo modelo apresentado, a aluna acertou 40 questões e errou 10.

Modelo matemático do modelador 2

O segundo modelador refinou a modelagem a partir da Tabela 2.1, feita com base no modelo 1. Ele percebeu que esse modelo permite a existência de notas negativas. O novo modelo retirou essa possibilidade.

Tabela 2.1 Simulações de notas finais

Acertos (x)	Erros (y)	Saldo	Nota ponderada
50	0	50	10,0
45	5	42,5	8,5
40	10	35	7,0
35	15	27,5	5,5
30	20	20	4,0
20	30	5	1,0
10	40	−10	−2,0

$$Z = \begin{cases} \dfrac{2}{10}\left(x - \dfrac{y}{2}\right) & \text{se } x > y \\ \\ \dfrac{2}{10}\,x & \text{se } x \leq y \end{cases} = 7,0 \qquad \text{Nota final}$$

Sujeito a:

$x + y = 50$ — Total de questões da prova

$x, y \in \{0, 1, 2, 3, ..., 50\}$ — Faixa de variação das questões

Em que:

x = total de questões certas;

y = total de questões erradas.

Novamente, a aluna acertou 40 questões e errou 10.

Modelo matemático do modelador 3

Um terceiro modelador percebeu que, além da possibilidade de notas negativas, haveria também uma incoerência de avaliação das notas perto da média. Um aluno que acertasse 24 questões teria nota final 4,8 pelo modelo 2, enquanto um aluno que acertasse 26 questões teria nota final 2,8. Portanto, um aluno teria nota inferior a outro mesmo acertando mais questões. Isso ocorre porque não há interseções entre as regras apresentadas pelos dois modelos iniciais que permitam uma divisão de avaliação antes e depois dessa interseção, conforme mostrado na Figura 2.3 a seguir.

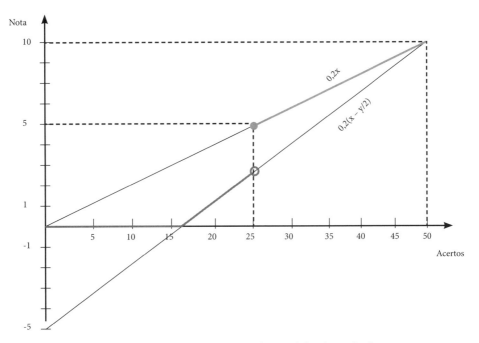

Figura 2.3 Retas das propostas dos modelos de avaliação.

A partir dessa constatação, o terceiro modelador desenvolveu o modelo 3, com base na Figura 2.3.

$$Z = \begin{cases} \dfrac{2}{10}x & \text{se} \quad x \geq 25 \\ \dfrac{2}{10}\left(x - \dfrac{y}{2}\right) & \text{se } 17 \leq x < 25 \\ 0 & \text{se} \quad x < 17 \end{cases} = 7,0 \quad \text{Nota final}$$

Sujeito a:

$x + y = 50$ \hspace{2cm} Total de questões da prova

$x, y \in \{0, 1, 2, 3, ..., 50\}$ \hspace{1cm} Faixa de variação das questões

Em que:

x = total de questões certas;

y = total de questões erradas.

Neste modelo, a aluna acertou 35 questões e errou 15. Aparentemente, o modelo 3 é mais justo, pois a aluna consegue a mesma nota com menos questões certas. É possível melhorar o modelo 3 incorporando, por exemplo, uma tratativa para os casos em que o total de questões erradas for ímpar. No entanto, para os propósitos deste capítulo foram analisados apenas os três modelos apresentados.

Os modelos apresentados representam três versões distintas das apreciações feitas pelos modeladores sobre o mesmo problema. Apesar da diferença, há semelhanças na estrutura dos três modelos que são o princípio de modelagem para qualquer situação. Um resumo das propostas é mostrado a seguir.

Modelo 1	Modelo 2	Modelo 3
$Z = \dfrac{2}{10}\left(x - \dfrac{y}{2}\right) = 7,0$	$Z = \begin{cases} \dfrac{2}{10}\left(x - \dfrac{y}{2}\right) & se\ x > y \\[2mm] \dfrac{2}{10}x & se\ x \leq y \end{cases} = 7,0$	$Z = \begin{cases} \dfrac{2}{10}x & se & x \geq 25 \\[2mm] \dfrac{2}{10}\left(x - \dfrac{y}{2}\right) & se\ 17 \leq x < 25 \\[2mm] 0 & se & x < 17 \end{cases} = 7,0$
Sujeito a:	Sujeito a:	Sujeito a:
$x + y = 50$	$x + y = 50$	$x + y = 50$
$x, y \in \{0, 1, 2, 3, ..., 50\}$	$x, y \in \{0, 1, 2, 3, ..., 50\}$	$x, y \in \{0, 1, 2, 3, ..., 50\}$

Função objetivo ou simplesmente objetivo

É a meta que se deseja alcançar por meio da manipulação das variáveis de decisão. Essas metas são de igualdade a algum valor (no caso, igual a nota 7,0), ou podem ser de maximização ou minimização. Para o problema do exame é fácil verificar que a maximização e minimização da nota final são obtidas, respectivamente, com 50 e 0 questões certas.

Variáveis de decisão ou simplesmente variáveis

É aquilo que está se decidindo ou procurando conhecer. São as incógnitas do problema analisado.

No caso do exame, são as questões certas e erradas necessárias para a pontuação neste. Para esse problema, bastaria descobrir uma delas (as certas ou erradas), pois o total de questões do exame é sempre o mesmo e igual a 50. No entanto, optou-se por discriminá-las para evidenciar que os problemas podem apresentar mais de uma variável de decisão.

Restrições

São os limites possíveis de manipulação das variáveis de decisão individualmente ou das relações matemáticas entre elas. No problema do exame, as questões certas e erradas variam de 0 até 50 e a soma de ambas (certas e erradas) é igual a 50.

2.3 FLUXO LÓGICO DA MODELAGEM MATEMÁTICA

Como as variáveis de decisão, objetivo e restrições são elementos comuns em qualquer modelo matemático, uma sugestão de método para elaboração, teste e implantação de uma modelagem matemática é apresentado na Figura 2.4.

A correta definição do problema em análise é essencial para o desenvolvimento do método. Embora pareça óbvio, muitas vezes resolve-se um problema de uma situação diferente daquela que está sendo analisada. Isso ocorre em razão da interpretação de descrições orais ou escritas do problema analisado feita pelo(s) modelador(es). Uma maneira de neutralizar esse erro é definir o problema numa pergunta direta e estruturada e testá-la formulando-a a si mesmo e a outros colegas. A resposta imediata a essa pergunta revelará a(s) variável(is) de decisão, objetivo e restrições.

No problema do exame final, um exemplo de pergunta seria: como calcular a nota final do exame de acordo com as regras estabelecidas? A resposta envolveria as questões certas e erradas (variáveis de decisão), a função objetivo (nota final) e restrições (valores assumidos pelas variáveis de decisão e suas relações entre si).

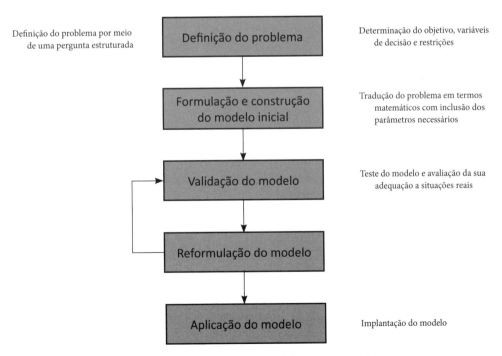

Figura 2.4 Fluxo lógico da modelagem matemática.

Os passos seguintes incluem as relações matemáticas do problema ou a sua estrutura matemática para uma versão inicial do modelo, os testes de validação, reformulação e sua aplicação. A versão inicial será validada ou testada com uso de algoritmo apropriado às características do modelo desenvolvido. Nesse ponto, pode-se visualizar em linhas gerais as duas principais etapas de um trabalho de PO: (i) a modelagem matemática do problema; e (ii) a aplicação ou o desenvolvimento de um algoritmo para a busca de soluções. Caso aprovado, o modelo inicial é implantado e executado; caso contrário, ele é reformulado e inicia-se novamente as etapas do método.

Métodos como o apresentado neste capítulo ajudam a reduzir erros comuns antes e após a modelagem matemática. Algumas das principais armadilhas são:

- Erro tipo I: técnica e formulação corretas, mas o problema é outro. Exemplo: modelar corretamente um problema que não é o principal.

- Erro tipo II: aplicar PO a um problema que exige outras técnica e dinâmica. Exemplo: sequência de tarefas para uma ou mais máquinas ou dimensionamento da quantidade de máquinas sujeitas a chegadas aleatórias.

- Erro tipo III: problema formulado corretamente, mas o modelador ficou refém da solução de seu modelo. Exemplo: a solução encontrada é uma orientação e pode ser flexibilizada de acordo com as circunstâncias.

- Erro tipo IV: simplificar o problema para atender aos limites de simulação do *software* usado. Exemplo: em geral, os *softwares* impõem limites para a quantidade de variáveis de decisão simuladas. Um erro comum é simplificar até o ponto de descaracterizar o problema analisado para atender a esses limites.

EXERCÍCIOS

1. Elabore uma pergunta que resuma o problema analisado para cada uma das situações a seguir e depois identifique as variáveis de decisão, objetivo e as restrições.

a) Uma empresa fabrica os produtos A e B. O processo consiste em três etapas. As etapas 1 e 2 são, respectivamente, para os produtos A e B. A etapa 3 é comum aos dois produtos. São conhecidas as horas necessárias para a fabricação de cada produto em cada etapa, as horas disponíveis para cada etapa no período analisado e os lucros unitários de cada produto.

b) Uma fábrica possui 5 produtos (A, B, C, D, E) que podem ser produzidos em 4 máquinas. São conhecidas as relações de homens-hora (hh) para cada produto, suas demandas para o período analisado e a margem de lucro de cada produto.

c) Uma fábrica possui 5 produtos (A, B, C, D, E) que podem ser produzidos em 4 máquinas. São conhecidas as relações de homens-hora (hh) para cada produto, suas demandas para o período analisado e a margem de lucro de cada produto. Além disso, o produto D não pode ser feito nas máquinas 1 e 3.

Modelagem matemática   25

d) Uma empresa faz remessas a 4 depósitos diferentes a partir de 2 fábricas próprias. O custo da remessa a partir de cada fábrica é conhecido. Cada depósito possui uma capacidade de estocagem e cada fábrica tem um limite de produção para o período analisado.

e) Uma empresa de assistência técnica realiza visitas de manutenção corretiva de caixas eletrônicos mediante abertura de chamados técnicos feitos pelas agências bancárias na cidade de São Paulo. Certo dia, um técnico precisa sair da sua central, realizar a visita em 5 agências e retornar a sua base de origem. Sabe-se as distâncias em quilômetros entre todas as localidades.

f) Uma certa indústria decidiu expandir-se, construindo uma nova fábrica no Rio Grande do Sul ou na Bahia. Também está sendo considerada a construção de um novo depósito na cidade que for selecionada para a nova fábrica. O valor presente líquido (VPL) de cada uma das alternativas e o capital total disponível são conhecidos.

g) Uma metalúrgica situada em Barueri, no estado de São Paulo, tem como principal produto rolos de aço. A matéria-prima são as bobinas de aço compradas de grandes siderúrgicas (Usiminas, CSN, Gerdau). As bobinas são posicionadas na máquina de corte e cortadas de modo unidirecional de acordo com uma programação de corte feita pelo departamento de planejamento e controle da produção (PCP), respeitando-se as larguras demandadas pelo mercado.

2. Expresse a formulação matemática para os seguintes problemas:

a) Uma empresa fabrica os produtos A e B. O processo consiste em três etapas. As etapas 1 e 2 são, respectivamente, para os produtos A e B. A etapa 3 é comum aos dois produtos. Cada produto A consome 20 horas na etapa 1, enquanto cada produto B consome 10 horas na etapa 2. Na etapa 3 os produtos A e B consomem, respectivamente, 20 horas e 30 horas. A empresa estima 800 horas, 300 horas e 1.200 horas, respectivamente, para as etapas 1, 2 e 3. O lucro unitário para o produto A é de R$ 1.000 e para o produto B é de R$ 1.800.

b) Uma fábrica possui 5 produtos (A, B, C, D, E) que podem ser produzidos em 4 máquinas. A utilização das máquinas pelos produtos em termos de homens-hora (hh) é, respectivamente, de 1, 4, 2, 3 e 1. As margens de lucro são, respectivamente, 5, 5, 7, 6 e 4. Cada máquina possui uma restrição de hh e cada produto tem uma demanda para o período analisado.

c) Uma fábrica possui 5 produtos (A, B, C, D, E) que podem ser produzidos em 4 máquinas. A utilização das máquinas pelos produtos em termos de homens-hora (hh) e os lucros unitários são iguais aos do item (b), com exceção ao produto D, que não pode ser feito nas máquinas 1 e 3. Cada máquina possui uma restrição de hh e cada produto tem uma demanda para o período analisado.

d) Uma empresa faz remessas a 4 depósitos diferentes a partir de 2 fábricas próprias. O custo da remessa a partir de cada fábrica para cada depósito é, respectivamente, de R$ 300,00 e R$ 500,00. Cada depósito possui uma capacidade de estocagem e cada fábrica tem um limite de produção para o período analisado.

CAPÍTULO 3
PROGRAMAÇÃO LINEAR

3.1 CONTEXTUALIZAÇÃO E TEOREMAS

A programação linear (PL) trata do problema de alocação ótima de recursos limitados a atividades que competem entre si. Como o próprio nome indica, todas as funções matemáticas deste modelo (função objetivo, restrições) são lineares. No entanto, a palavra programação refere-se ao processo de modelagem matemática e não à programação com uso de alguma linguagem de computador. O modelo a seguir mostra um exemplo de programação linear.

$$\text{máx } Z = 2x_1 + 3x_2$$

$$x_1 + x_2 \qquad = 4$$

$$2x_1 + x_2 \qquad = 12$$

$$3x_1 - 2x_2 \qquad = 18$$

$$x_i \geq 0$$

As principais características de um modelo de programação linear são:

a) Proporcionalidade: a quantidade de recurso consumido por uma dada atividade deve ser proporcional ao nível dessa atividade.

b) Aditividade: o custo total é a soma das parcelas associadas a cada atividade.

c) Divisibilidade: as variáveis de decisão podem assumir valores fracionários, e, portanto, não inteiros.

d) Certeza: os coeficientes de todas as funções envolvidas no modelo são conhecidos, ou seja, são determinísticos. Geralmente, esses coeficientes são aproximações do "valor médio das distribuições de probabilidade" dos dados.

A Tabela 3.1 apresenta uma matriz que descreve a organização e a forma de leitura dos dados utilizados em um modelo de alocação de recursos em atividades aplicado em um modelo de PL. A Tabela 3.2 mostra as funções matemáticas típicas de uma estrutura de programação linear.

Na Tabela 3.1, as interseções de linhas e colunas representam o consumo dos recursos pelas atividades formadoras dos produtos ou serviços finais (por exemplo, homens-hora, metros cúbicos/minuto, quilowatt/hora, reais/minuto). Cada recurso possui um limite disponível para consumo e cada atividade formadora do produto ou serviço final possui uma contribuição à função objetivo (por exemplo, custo unitário, lucro unitário, margem de contribuição unitária).

Na Tabela 3.2, as funções objetivo podem ser de minimização, igualdade a um valor ou maximização. As variáveis de decisão são as quantidades dos produtos ou serviços finais a serem feitos (x_i), restritas às capacidades disponíveis dos recursos disponíveis (b_i). Conforme o problema analisado, as restrições dos recursos podem ser de inferioridade, igualdade ou superioridade.

Valores atribuídos às variáveis de decisão x_i que satisfaçam às restrições são considerados soluções viáveis do problema. Uma solução ótima é aquela que, entre as soluções viáveis, apresenta o valor mais favorável para a função objetivo. O entendimento das Tabelas 3.1 e 3.2 facilita o trabalho de modelagem de PL e de outros tipos de modelos.

Tabela 3.1 Dados utilizados em um modelo de PL para alocação de recursos

| Recurso | Consumo dos recursos por unidade de atividade | | | | Capacidade disponível dos recursos |
| | Atividade | | | | |
	1	2	...	n	
1	a_{11}	a_{12}	...	a_{1n}	b_1
2	a_{21}	a_{22}	...	a_{2n}	b_2
.					.
.	...	...	...	...	.
.					.
M	a_{m1}	a_{m2}	...	a_{mn}	b_m
Contribuição à função objetivo por unidade de atividade	c_1	c_2	...	c_n	

Fonte: adaptada de Hillier e Lieberman (2006).

Programação linear 29

Tabela 3.2 Funções matemáticas típicas para os modelos de programação linear

Funções objetivo	$Z = \sum_{i=1}^{N} c_i x_i$ $\begin{Bmatrix} minimizar \\ igualar \\ maximizar \end{Bmatrix}$				x_i = unidades do produto ou serviço final $x_i \geq 0$
Recursos	**Restrições**				**Tipo de desigualdade**
1	$x_1 a_{11}$	$x_2 a_{12}$	...	$x_n a_{1n}$	$\leq = \geq b_1$
2	$x_1 a_{21}$	$x_2 a_{22}$	...	$x_n a_{2n}$	$\leq = \geq b_2$
.					.
.	...	...	...	...	.
.					.
M	$x_1 a_{m1}$	$x_2 a_{m2}$	...	$x_n a_{mn}$	$\leq = \geq b_m$

A importância de se obter um resultado ótimo conduziu à investigação das condições matemáticas necessárias para esse propósito. A seguir são apresentados, de maneira simplificada, os principais teoremas relacionados à busca de soluções.

Teorema I

O conjunto de todas as soluções viáveis de um modelo de programação linear é um conjunto convexo, ou seja, um segmento de reta que ligue estes pontos estará contido na região de soluções viáveis.

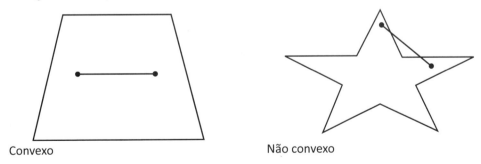

Convexo   Não convexo

Teorema II

Toda solução compatível básica do sistema de equações lineares de um modelo de programação linear é um ponto extremo do conjunto de soluções viáveis, isto é, do conjunto convexo de soluções.

Teorema III

Se uma função objetivo possui um único ponto ótimo finito, então este é um ponto extremo do conjunto convexo de soluções viáveis, ou seja, ele é um dos pontos extremos da região de soluções viáveis.

Teorema IV

Se uma função objetivo assume o valor ótimo em mais de um ponto do conjunto de soluções viáveis (soluções múltiplas), então ela assume esse valor para pelo menos dois pontos extremos do conjunto convexo e para qualquer combinação convexa desses pontos extremos, isto é, todos os pontos do segmento de reta que unem esses dois extremos, ou seja, a aresta do polígono que contém esses extremos.

3.2 PROBLEMA INTRODUTÓRIO E RESOLUÇÃO GRÁFICA

O problema a seguir é sobre uma situação real, mas com dados hipotéticos, a fim de permitir a compreensão e aplicação dos teoremas na busca de soluções sob a forma de resolução gráfica.

Uma empresa familiar instalada na região Sul do Brasil fabrica tonéis e barris de diversas madeiras para conservação e estoque de vinho. O ofício é transmitido de geração em geração em atividades essencialmente manuais. Atualmente, a empresa faz o planejamento anual das atividades para a fabricação de barris de carvalho americano e francês. O processo consiste em três etapas. As etapas 1 e 2 aplicam-se, respectivamente, para os barris de carvalho americano e francês. A etapa 3 é comum aos dois tipos de barris. Cada barril de carvalho americano consome 20 horas na etapa 1, enquanto cada barril de carvalho francês consome 10 horas na etapa 2. Na etapa 3, cada barril de carvalho americano e francês consome, respectivamente, 20 horas e 30 horas. A empresa estima 800 horas, 300 horas e 1.200 horas, respectivamente, para as etapas 1, 2 e 3. O lucro unitário para o barril de carvalho americano é de R$ 1.000 e para o barril de carvalho francês é de R$ 1.800.

Conforme o enunciado e seguindo a metodologia do Capítulo 2, a Figura 3.1 a seguir resume a modelagem matemática do problema.

A pergunta que naturalmente surge para a situação é: quais são as quantidades de barris de cada tipo a serem fabricados que maximizam o lucro?

A função objetivo é o lucro obtido pela fabricação de cada barril. As variáveis de decisão são as quantidades de barris de cada tipo. As restrições são quantidades positivas de barris e as disponibilidades horárias em cada etapa do processo.

Programação linear

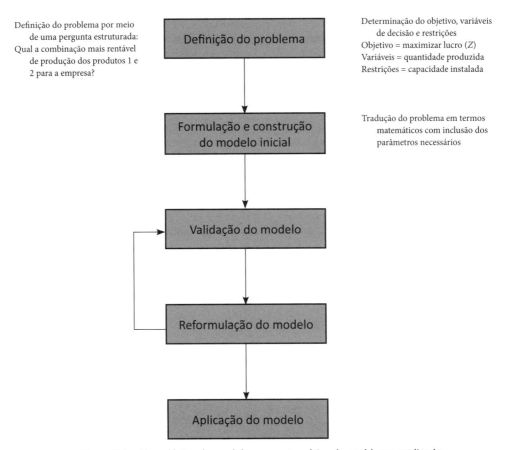

Figura 3.1 Fluxo lógico da modelagem matemática do problema analisado.

O modelo matemático a seguir resume os parágrafos anteriores considerando x_a e x_f, respectivamente, como as quantidades de barris de carvalho americano e francês. Realisticamente, não seria aceitável uma solução fracionária de barris. No entanto, por razões didáticas não será, neste momento, incorporada uma restrição de número inteiro de barris. Este problema será posteriormente analisado no Capítulo 4. É oportuno discutir sobre as inequações das restrições, ou seja, se elas seriam menores ou iguais ($\leq$) ou de igualdade ($=$). A igualdade impõe uma restrição muito forte que obriga que a equação atinja, necessariamente, o valor do seu lado direito. As desigualdades formam folgas ($\leq$) ou excessos ($\geq$). No problema em questão, impor que a fabricação dos barris seja igual ($=$) a um valor remete a uma situação de produção a plena carga que obriga todos os recursos produtivos a produzir aquela quantidade. No caso, as restrições devem ser menores ou iguais ($\leq$), pois admite-se a ociosidade dos recursos produtivos na fabricação desses itens (a folga em uma atividade pode ser deslocada para a execução de outras atividades).

A Tabela 3.3 apresenta a representação do problema na estrutura-padrão dos problemas de PL.

Tabela 3.3 Estrutura do modelo de PL para o problema dos barris de vinho

	Produtos		Capacidade disponível
	1	2	
Recursos – Etapa 1	20	0	800 h
Recursos – Etapa 2	0	10	300 h
Recursos – Etapa 3	20	30	1.200 h
Lucro por unidade	R$ 1.000,00	R$ 1.800,00	

máx $Z = 1000x_a + 1800x_f$

s.a.

$20x_a \leq 800$

$10x_f \leq 300$

$20x_a + 30x_f \leq 1200$

$x_a, x_f \geq 0$

A região viável das soluções é mostrada na Figura 3.2 a seguir com auxílio do *software* Mathematica. Os pontos extremos da região são: (0,0), (0,30), (15,30), (40,40/3) e (40,0). Conforme o Teorema III, se há um ponto ótimo ele é um dos extremos da região de soluções viáveis.

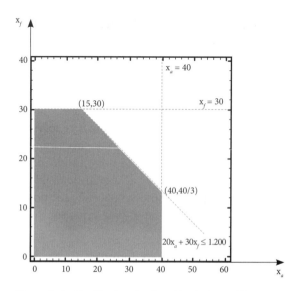

Figura 3.2 Região de soluções viáveis do problema.

A Tabela 3.4 a seguir mostra os valores da função objetivo para os pontos extremos da região de soluções viáveis. A solução ótima ocorre para a produção de 15 barris de carvalho americano e 30 barris de carvalho francês com um lucro de R$ 69.000.

Tabela 3.4 Simulação dos pontos extremos

X_a	X_f	Z
0	0	0
0	30	54.000
15	30	69.000
40	40/3	64.000
40	0	40.000

A solução gráfica só é possível para problemas reduzidos ou hipotéticos como o analisado. Em geral, as empresas apresentam dezenas ou mesmo centenas de produtos diferentes, o que exige um procedimento que seja integrado a ferramentas computacionais para a busca das soluções.

3.3 ALGORITMO SIMPLEX

A origem da palavra "algoritmo" remete ao livro *Kitab Al Mukhtassar Fi Hissab Al Jabr Wal Mukabala* (Livro do cálculo algébrico e confrontação), de autoria de Al--Khwarizmi, que não somente deu o nome de **Álgebra** a essa ciência, em seu significado moderno, mas também abriu uma nova era da Matemática.

Al-Khwarizmi viveu na época do califa abássida al-Ma'mun, no século IX da era cristã. Sabe-se que ele morreu em 846, trabalhou na biblioteca formada por Harun ar-Rashid, pai de al-Ma'mun, denominada Casa da Ciência, na qual foram reunidas todas as obras científicas da Antiguidade. Al-Khwarizmi estabeleceu seis tipos de equações algébricas que ele mesmo solucionou em seu livro. O nome de Al-Khwarizmi, em espanhol Guarismo, que ao passar para o francês se tornou Logarithme, deu origem ao termo moderno "logaritmos".

Atualmente, o termo algoritmo é amplamente utilizado na ciência de computação e expressa um procedimento iterativo (passos de programação), com um ponto de partida e uma condição de parada definidos.

Os problemas de programação linear possuem, desde os anos 1940, um eficiente algoritmo para determinação da solução ótima: o algoritmo simplex, desenvolvido pelo matemático americano George Bernard Dantzig. O algoritmo simplex foi primeiramente testado sobre o problema da nutrição ou da dieta, proposto por George Stigler em 1945.

Originalmente, o algoritmo simplex utiliza a seguinte terminologia:

- Variáveis não básicas (variáveis iniciais ou originais): consideradas iguais a zero (podem assumir um valor arbitrário).
- Variáveis básicas (variáveis de folga): todas as demais.
- Solução básica: solução inicial obtida pela substituição dos valores.
- Solução básica viável: variáveis básicas não negativas.

Os passos do algoritmo simplex são os seguintes:

1. **Converter as restrições de desigualdade em restrições equivalentes de igualdade** introduzindo as variáveis de folga.

2. **Selecionar as variáveis originais para serem as variáveis não básicas iniciais**. Igualar as variáveis não básicas a zero e considerar as variáveis de folga como as variáveis básicas iniciais.

3. **Verificar se a solução básica inicial é ótima** (se cada coeficiente na função objetivo modificada for não negativo).

4. Caso contrário, **determinar a coluna pivô**. A coluna pivô é **a coluna abaixo da variável com maior coeficiente negativo da função objetivo modificada** (Equação 0).

5. **Selecionar os coeficientes positivos (> 0) da coluna pivô.**

6. Dividir o valor do lado direito de cada linha pelo coeficiente correspondente e **selecionar as equações que tenham as menores razões (linha pivô).**

7. **Determinar o número pivô que será a interseção da coluna com a linha pivô.**

8. **Determinar a nova solução básica**. As colunas anteriores ao pivô não são modificadas. **Substituir os valores da linha pivô pela divisão dos coeficientes da linha pelo número pivô.**

9. **Definir a variável não básica entrando e a variável básica saindo pelas interseções da linha e coluna pivô.**

10. **Calcular as novas linhas da matriz do simplex.**

Antiga linha

- (Coeficiente da coluna pivô) × Nova linha pivô

= Nova linha

11. **Verificar se a solução básica é ótima** (coeficientes positivos da Equação 0).

12. **Repetir o processo até achar a solução ótima.**

Em algumas situações especiais, pode haver um "empate" de saída também conhecido como **degeneração**, ou seja, há pelo menos duas candidatas para variáveis entrando ou saindo. Nessas situações, com várias candidatas simultaneamente a entrar na base, utiliza-se a regra de Bland:

Programação linear **35**

a) entre todas as candidatas a entrar na base, selecione a variável x_k que possui o menor índice;

b) entre todas as candidatas a sair da base, selecione a variável x_k que possui o menor índice.

A seguir, é apresentada a aplicação do algoritmo simplex sobre o problema dos barris de vinho. É recomendável o uso de índices numéricos no lugar de letras.

Passo 1

$$Z - 1000x_1 + 1800x_2 \qquad\qquad = \quad 0$$

s.a.

$$20x_1 \qquad\qquad + x_3 \qquad\qquad = \quad 800$$
$$10x_2 \qquad + x_4 \qquad\qquad = \quad 300$$
$$20x_1 \quad + 30x_2 \qquad\qquad + x_5 \quad = \quad 1200$$

Na última iteração (nº 2), nota-se que não há mais coeficientes negativos na Equação 0. A leitura do resultado é imediata, com $x_1 = 15$, $x_2 = 30$ e a variável de folga $x_3 = 500$. A função objetivo Z assume o valor máximo de 69.000.

Passos 2 a 12 (forma matricial – Figura 3.3)

Iteração	Variável básica	Eq. n.	Coeficientes						Lado direito
			Z	x_1	x_2	x_3	x_4	x_5	
0	Z	0	1	−1.000	−1.800	0	0	0	0
	x_3	1	0	20	0	1	0	0	800
	x_4	2	0	0	10	0	1	0	300
	x_5	3	0	20	30	0	0	1	1.200
1	Z	0	1	−1.000	0	0	180	0	54.000
	x_3	1	0	20	0	1	0	0	800
	x_2	2	0	0	1	0	1/10	0	30
	x_5	3	0	20	0	0	−3	0	300
2	Z	0	1	0	0	0	30	50	69.000
	x_3	1	0	0	0	1	3	−1	500
	x_2	2	0	0	1	0	1/10	0	30
	x_1	3	0	1	0	0	−3/20	1/20	15

(linha pivô → linha da iteração 0, x_4, Eq. 2)

Figura 3.3 Matrizes do algoritmo simplex para o problema dos barris de vinho.

QUADRO 3.1 GEORGE BERNARD DANTZIG

George Bernard Dantzig (1914-2005), nascido em Portland, nos Estados Unidos, foi um inovador pioneiro da teoria e de métodos matemáticos aplicados que foram fundamentais para o desenvolvimento e a eficácia do então novo campo de pesquisa operacional. **É considerado o pai da programação linear.**

Nos últimos 60 anos, seu trabalho em programação linear e suas extensões foram aplicados em todo o mundo a um sem-número de atividades industriais, comerciais, governamentais e organizacionais, permitindo a elas uma utilização mais eficaz dos seus recursos.

O dr. Dantzig fez grandes contribuições a matemática, economia, estatística, engenharia de produção e informática. Seu desenvolvimento da programação linear e sua invenção do algoritmo simplex foram reconhecidos como importantes contribuições científicas do século XX.

Sua habilidade matemática tornou-se uma lenda no meio científico. Ao chegar atrasado a uma aula, resolveu dois problemas escritos na lousa pensando serem tarefas para casa. Na verdade, eram dois famosos problemas em estatística que há muito estavam sem solução.

Conforme depoimento de ex-alunos de Dantzig, ele não foi laureado com o Nobel de Economia porque não era economista e não tinha publicações na área.

Fonte: University of St. Andrews (2003b).

3.4 RESOLUÇÃO POR COMPUTADOR

Mesmo existindo um algoritmo eficiente como o simplex para busca da solução ótima, é humanamente impossível manipular problemas lineares de médio ou grande porte sem auxílio de um recurso computacional. O surgimento do computador pessoal, seguido de *softwares* que incorporaram algoritmos de busca, facilitou a disseminação da programação linear no nível do uso doméstico. Entre os *softwares* mais populares e de maior longevidade está o Microsoft Excel®, com o aplicativo Solver para simulações de otimização.

Uma vez estruturado o modelo matemático, deve-se escrever suas relações matemáticas conforme a lógica de linhas e colunas da planilha eletrônica. Uma maneira de organizar a planilha é seguir a estrutura proposta pela modelagem matemática na Seção 3.2 e dividir a planilha eletrônica em três áreas: (i) variáveis de decisão; (ii) restrições; e (iii) função objetivo. A Figura 3.4 mostra a organização da planilha eletrônica para o problema dos barris de vinho.

Programação linear 37

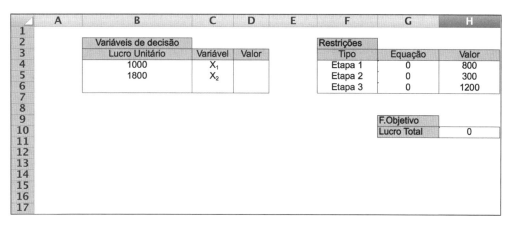

Figura 3.4 Organização da planilha eletrônica para aplicação do Solver.

Numa planilha eletrônica, a interseção de linha e coluna é uma célula que pode armazenar vários tipos de conteúdo (número, caractere, função). No exemplo da Figura 3.4, as células D4:D5 armazenarão os valores das variáveis de decisão x_1 e x_2.

As variáveis de decisão entram na composição das equações das restrições e da função objetivo, que estão situadas, respectivamente, nas células G4:G6 e H10. Os valores dos lados direitos das respectivas restrições foram apresentados em separado nas células H4:H6. Essa forma de estrutura é vantajosa, pois permite simulações com outros limites para essas restrições. Sob essa lógica, as restrições e a função objetivo seriam escritas da seguinte maneira:

Etapa 1: 20*D4 (célula G4)

Etapa 2: 10*D5 (célula G5)

Etapa 3: 20*D4+30*D5

F.Objetivo: SOMARPRODUTO(B4:B5;D4:D5)

Uma vantagem do uso de planilhas eletrônicas é combinar algumas funções de planilha para facilitar a replicação do modelo matemático. No caso, a função objetivo foi desenvolvida com uso da função SOMARPRODUTO combinando as células B4:B5 (lucro unitário) e D4:D5 (variáveis de decisão). Novamente, a separação dos coeficientes de lucro unitário de cada produto nas células B4:B5 permite a simulação de outros cenários pela simples mudança dos valores dessas células.

Uma vez que o modelo matemático está organizado e escrito sob a lógica da planilha eletrônica, deve-se acionar o aplicativo Solver para resolução do problema. Geralmente, é necessário habilitar o Solver na opção de suplementos do Excel. Após habilitação, ele estará disponível na seção de DADOS (Excel versão 2013). A tela inicial após a seleção do Solver é mostrada na Figura 3.5.

A célula de destino da função objetivo deve ser informada, bem como o seu tipo (Máx, Mín, Valor de). A seguir o local das variáveis de decisão é registrado, podendo-

-se definir a sua faixa na própria planilha com o uso do ícone de planilha localizado na extrema direita do espaço de registro das variáveis de decisão. As restrições podem ser adicionadas individualmente, ou, se forem do mesmo tipo ($\leq$ = $\geq$), de uma vez, conforme mostrado na Figura 3.6.

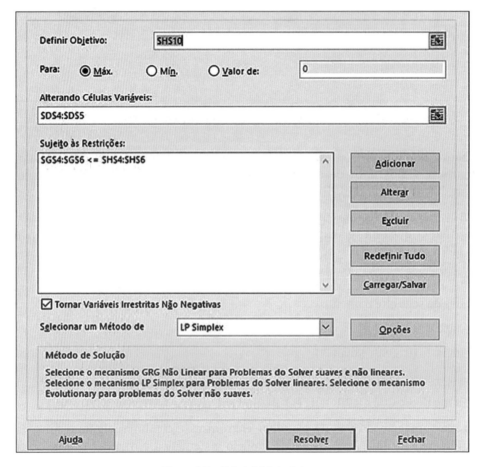

Figura 3.5   Tela inicial do Solver.

Figura 3.6   Tela de inserção de restrições do Solver.

Programação linear 39

A caixa "Tornar variáveis irrestritas não negativas" deve ser selecionada caso todas as variáveis de decisão assumam valores positivos. Por fim, deve-se selecionar o tipo de algoritmo a ser aplicado ao problema, que neste caso é o LP Simplex. Acionando-se a opção "Resolver", e caso o problema apresente solução, o Solver apresentará a tela de resultados mostrada na Figura 3.7. Optando-se por "Manter solução do Solver", os valores serão armazenados nas células destinadas às variáveis de decisão conforme a Figura 3.8.

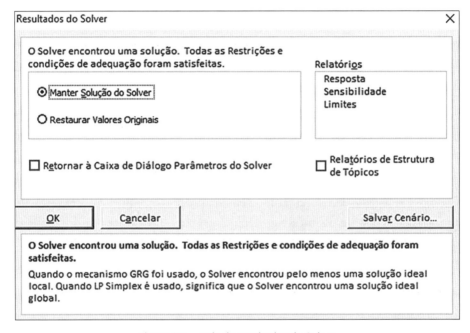

Figura 3.7   Tela de resultados do Solver.

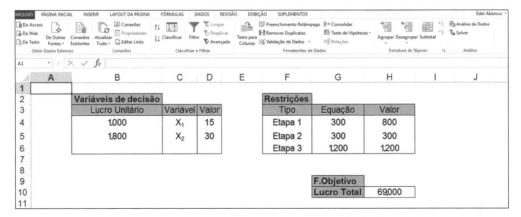

Figura 3.8   Planilha de simulação com os resultados finais.

As ciências da computação e a pesquisa operacional possuem uma estreita relação na busca da otimização matemática. Por meio do desenvolvimento de *hardwares*, *softwares*, conceitos ou algoritmos, a integração de ambas proporciona meios para a otimização de uma infinidade de aplicações. O computador, com seus recursos de processamento de dados, foi um dos grandes marcos para esse desenvolvimento. Nessa linha, deve-se mencionar o trabalho da equipe de Alan Turing, criadora do primeiro computador para quebrar o código secreto de comunicação nazista durante a Segunda Guerra Mundial.

QUADRO 3.2 ALAN MATHISON TURING

Alan Mathison Turing (1912-1954) foi um matemático, lógico, criptoanalista e cientista da computação britânico. Foi influente no desenvolvimento da ciência da computação e na formalização do conceito de algoritmo.

Durante a Segunda Guerra Mundial, trabalhou para a inteligência britânica em Bletchley Park, num centro especializado em quebra de códigos. Durante algum tempo foi chefe da seção Hut 8, responsável pela criptoanálise da frota naval alemã. Planejou uma série de técnicas para quebrar os códigos alemães.

A homossexualidade de Turing resultou em um processo criminal em 1952 – os atos homossexuais eram ilegais no Reino Unido na época – e ele aceitou o tratamento com hormônios femininos e castração química. Morreu em 1954, em razão de um aparente suicídio por envenenamento de cianeto.

Em 10 de setembro de 2009, após uma campanha de internet, o primeiro-ministro britânico Gordon Brown fez um pedido oficial de desculpas público, em nome do governo britânico, por causa da maneira como Turing foi tratado após a guerra. Em 24 de dezembro de 2013, Alan Turing recebeu o perdão real da rainha Elizabeth II.

Fonte: University of St. Andrews (2003a).

3.5 DUALIDADE

Tudo o que conhecemos é limitado pela terminologia dos conceitos de ser e não ser, plural e singular, verdadeiro e falso. Sempre pensamos em termos de opostos.
Joseph Campbell

Sob a ótica da pesquisa operacional, todo problema ou formulação matemática de um problema apresenta uma representação dual, ou seja, um reflexo simétrico do seu original.

Programação linear

Existe, portanto, um par de modelos de programação matemática denomina-dos primal (modelo original) e dual (modelo reflexo) que preservam as seguintes características:

- possuem funções objetivo simétricas (por exemplo, se o primal for de mini-mização, o dual será de maximização, e vice-versa);
- as restrições são simétricas (por exemplo, se no primal for ≤, no dual será ≥);
- os termos independentes no primal surgem como coeficientes da função objetivo no dual, e vice-versa;
- o número de restrições do primal é igual ao número de variáveis do dual, e vice-versa;
- a matriz de restrição do primal é a transposta da matriz de restrição do dual, e vice-versa.

Um par de problemas duais apresenta uma, e somente uma, das seguintes alternativas:

- nenhum dos problemas tem solução;
- um deles não tem solução viável e o outro tem solução ótima ilimitada;
- ambos possuem solução ótima finita.

Teorema da dualidade[1]

Se $(x_1, x_2, x_3, ..., x_n)$ e $(y_1, y_2, y_3, ..., y_n)$ são soluções ótimas para os problemas primal e dual, respectivamente, então:

Resultado ótimo do primal = Resultado ótimo do dual

A seguir, no Quadro 3.3, está apresentado, de maneira didática, o desenvolvimento do modelo dual para o problema dos barris de vinho e as respectivas interpretações econômicas. Nem sempre a interpretação econômica e o significado dos valores das variáveis duais são tão simples como no problema analisado. A Figura 3.9 mostra o modelo de otimização do problema dual com o mesmo resultado da função objetivo do primal (69.000).

---

[1] Esta seção foi baseada em Hillier e Lieberman (2006); Goldbarg e Luna (2005).

Quadro 3.3 Modelos primal e dual

Modelo primal	Modelo dual
máx $Z = 1000x_1 + 1800x_2$ s.a. $\boxed{20x_1} + 0x_2 \leq 800$ $\boxed{0x_1} + 10x_2 \leq 300$ $\boxed{20x_1} + 30x_2 \leq 1200$ $x_1, x_2 \geq 0$	mín $Z = 800y_1 + 300y_2 + 1200y_3$ s.a. $\boxed{20y_1 + 0y_2 + 20y_3} \geq 1000$ $0y_1 + 10y_2 + 30y_3 \leq 1800$ $y_1, y_2, y_3 \geq 0$
Interpretação econômica do primal Achar as quantidades de barris de cada tipo a serem fabricados que maximizem o lucro.	*Interpretação econômica do dual* a) Contribuição ao lucro por usar y_i unidades da capacidade instalada alocada aos recursos. b) Valor marginal pelo uso de y_i unidades da capacidade instalada alocada aos recursos. c) O menor uso possível da capacidade instalada alocada aos recursos ainda com vantagem econômica (lucro = 0).

A interpretação econômica pode ser compreendida pela relação do teorema da dualidade aplicado ao problema. A função objetivo do primal maximiza o lucro pelo uso dos recursos limitados. Os valores de y_i do dual representam suas contribuições ao lucro por unidade de capacidade ou disponibilidade alocada a cada recurso.

máx Z mín Z

$1000x_1 + 1800x_2 = $ $800y_1 + 300y_2 + 1200y_3$

No caso, como mostrado na Figura 3.9, a disponibilidade alocada ao recurso 1 na primeira atividade não oferece contribuição, enquanto as disponibilidades alocadas aos recursos 2 e 3 nas demais atividades contribuem, respectivamente, com 30 e 50 com o lucro. As variáveis y_i do problema dual também são denominadas preços-sombra.

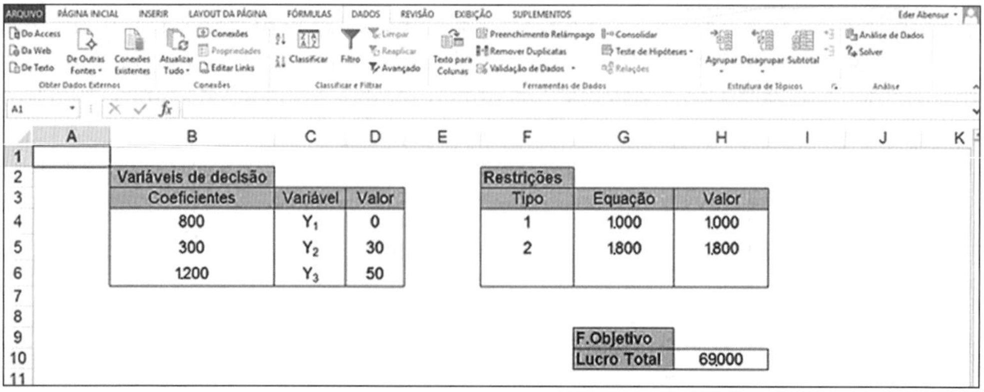

Figura 3.9 Planilha de simulação com os resultados finais do modelo dual.

Algumas das principais vantagens da aplicação da dualidade são:

- desde que a prioridade seja o valor da função objetivo, há uma redução do tempo de processamento pela escolha do tipo de problema de menor esforço computacional (menor número de variáveis de decisão);
- interpretação econômica;
- desenvolvimento das estratégias minmax ou maxmin da teoria dos jogos.

3.6 ANÁLISE DE SENSIBILIDADE

Uma das premissas de um modelo de PL é a da "certeza", ou seja, o conhecimento de todos os coeficientes envolvidos no modelo (função objetivo, restrições). No entanto, esses coeficientes são aproximações ou estimativas de um valor médio, obtidas, geralmente, por algum procedimento estatístico.

É natural que o resultado de um modelo de PL seja compreendido como uma aproximação da realidade que será tão boa quanto melhor for a aproximação desses coeficientes. A credibilidade do modelo é consequência da confrontação dos resultados do modelo com a realidade.

Reconhecidas as limitações de "certeza" do modelo, o que a análise de sensibilidade faz é avaliar, principalmente, o impacto na solução encontrada nas seguintes situações: (i) mudança de um coeficiente da função objetivo; e (ii) mudança de uma constante de uma restrição. Em geral, essas avaliações são feitas mudando-se uma alternativa por vez. Para mudanças múltiplas, recomenda-se rodar novamente o modelo com as alterações e verificar o novo resultado.

O Excel apresenta um conjunto de relatórios para esse tipo de análise por meio da seleção dos relatórios de sensibilidade e limites que aparecem na caixa de resultado final da simulação, conforme a Figura 3.10 a seguir.

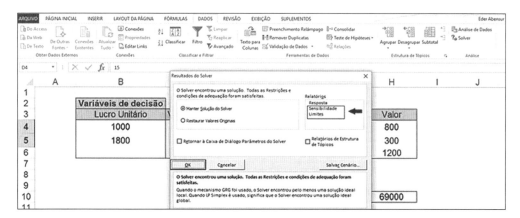

Figura 3.10   Relatórios de análise do Excel.

Para o problema dos barris de vinho, o relatório de sensibilidade é mostrado a seguir na Figura 3.11. Na parte superior, está a localização das células que contêm as variáveis de decisão e seus respectivos valores (15 e 30). As colunas "Permitido aumentar" e "Permitido reduzir" apresentam, respectivamente, os valores que os coeficientes da função objetivo podem aumentar e diminuir sem que haja alteração da solução ótima encontrada. No caso, se o coeficiente c_1 da variável x_1 estiver entre 1 e 1.200, não haverá alteração da solução ótima obtida (x_1 = 15).

Na parte inferior, a coluna "Sombra preço" (conforme tradução do Excel) mostra os valores das variáveis de decisão do respectivo problema dual. As colunas "Permitido aumentar" e "Permitido reduzir" apresentam, respectivamente, o intervalo de variação das constantes das restrições em que o valor da função objetivo é aumentado pelo respectivo preço-sombra. No caso da última restrição, a faixa de validade da constante é 900 ≤ Cte ≤ 1.700. Caso a constante seja aumentada de 1.200 para 1.201, a função objetivo sofrerá um incremento de 50 unidades.

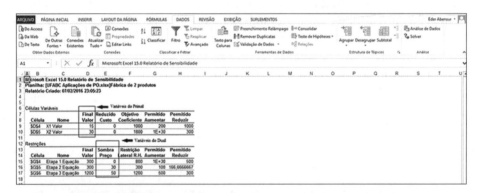

Figura 3.11 Relatório de sensibilidade do Excel para o problema dos barris de vinho.

A Figura 3.12 apresenta o relatório de limites que define os intervalos de validade das variáveis de decisão. Valores assumidos nesses intervalos não violam as restrições estabelecidas. Como exemplo, valores de x_1 no intervalo 0 ≤ x_1 ≤ 15 estão dentro dos limites da região de soluções viáveis (restrições).

Figura 3.12 Relatório de limites do Excel para o problema dos barris de vinho.

3.7 PROBLEMAS DE TRANSPORTE

De maneira geral, em razão de sua importância, a literatura de PO destina um capítulo à parte para tratar de problemas de transporte. No entanto, para manter a linha lógica desenvolvida neste livro, optou-se por mantê-lo inserido no capítulo de programação linear.

Os problemas de transporte representam um conceito aplicável a várias situações relevantes. Por esse motivo, ele é considerado o mais importante tipo especial de problema de programação linear. A Figura 3.13 mostra a divisão clássica dos problemas de transporte. Ressalte-se que, modernamente, a palavra transporte envolve não apenas o transporte físico, mas também o armazenamento, e em geral é englobado pelo conceito de logística.

Problemas de transporte
Distribuição de qualquer mercadoria de qualquer grupo de centros de oferta para qualquer grupo de centros de recebimento, de tal modo que minimize os custos de distribuição. Pode ser não capacitado (irrestrito) ou capacitado.

1. Distribuição (clássica)
Quantidade a ser distribuída das origens até os destinos, sem intermediários, de tal modo que minimize os custos de distribuição.
Exemplo: plano de distribuição de produtos entre fábricas e depósitos.

2. Transbordo ou baldeação
A distribuição é feita das fontes até os destinos por meio de intermediários (atacadistas, empresas de logística)
Exemplo: plano de distribuição de produtos entre fábricas, atacadistas e varejo.

3. Roteamento
Relaciona-se com os roteiros executados entre os pontos de origem e os de destino satisfazendo às necessidades de demanda, capacidade e tempo para realizar a rota.
Exemplo: caixeiro-viajante, carteiro, ônibus escolar, assistência técnica, empresa de transporte etc.

Figura 3.13 Divisão clássica dos problemas de transporte.

O problema de transporte clássico diz respeito à distribuição de qualquer mercadoria de qualquer grupo de centros de oferta, chamados fontes, para qualquer grupo de centros de recebimento, chamados destinos, de tal modo que minimize os custos de distribuição. Os problemas de transbordo e baldeação são da mesma natureza do problema clássico, mas envolvem mais pontos intermediários (por exemplo, empresas atacadistas). No entanto, sob uma ótica DE (fonte ou origem) PARA (destino), há inúmeras possibilidades de associação e aplicação dos problemas de transporte, conforme ilustrado na Figura 3.14 a seguir.

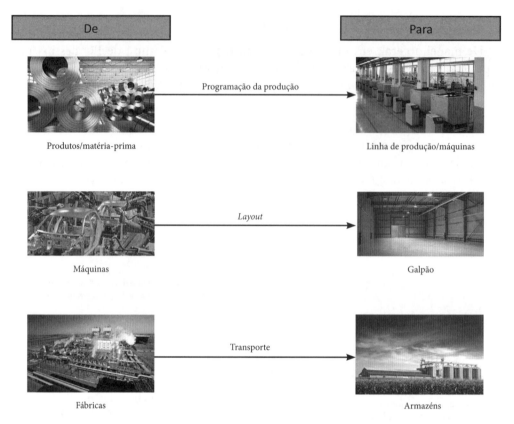

Figura 3.14 Exemplos de aplicação do conceito de transporte.

Qualquer problema de programação linear que se ajuste ao modelo especial mostrado a seguir é do tipo de transporte, independentemente de seu contexto físico, pois várias aplicações que não têm nada a ver com o conceito clássico de transporte podem se ajustar ao modelo.

Tabela 3.5 Estrutura do modelo de transportes clássicos

Origem ou fonte	Destino				Oferta
	1	2	3	...	
1	C_{11}	C_{12}	C_{13}	...	f_1
2	C_{21}	C_{22}	C_{23}	...	f_2
3	C_{31}	C_{32}	C_{33}	...	f_3
...					...
m					f_m
Demanda	d_1	d_2	d_3	...	

C_{ij} = Custo por unidade distribuída de i para j.

Programação linear	**47**

A formulação matemática genérica dos problemas de transporte pode ser resumida da seguinte maneira:

$$\min Z = \sum_{i=1}^{I} \sum_{j=1}^{J} c_{ij} x_{ij}$$

Minimizar o custo de transporte da quantidade x da origem i para o destino j.

Sujeito a:

$$\sum_{i=1}^{I} \sum_{j=1}^{J} x_{ij} = O_i$$

Restrição da oferta.

$$\sum_{i=1}^{I} \sum_{j=1}^{J} x_{ij} = D_j$$

Restrição da demanda.

$$x_{ij} \geq 0$$

Quantidades positivas.

Em que:

i = origem e j = destino;

I = quantidade de origens e J = quantidade de destino;

x_{ij} = quantidade distribuída da origem i para o destino j.

Distribuição da safra de vinho

Três microvinícolas situadas no Rio Grande do Sul pertencem a uma cooperativa que distribui a produção de vinho engarrafado da safra a quatro depósitos. A cooperativa está dando início a um estudo para redução dos custos de remessa. Para a próxima safra, foi feita uma estimativa de qual seria a produção de cada vinícola, e foi alocada a cada depósito uma certa quantidade de vinho. Os dados estão organizados sob a forma do modelo de transportes a seguir.

Tabela 3.6   Distribuição da safra de vinho

Produtor	Depósito				Produção (T)
	1	**2**	**3**	**4**	
1	1.230	1.360	1.733	2.298	15
2	933	1.102	1.828	2.096	11,25
3	2.637	1.807	1.028	1.815	7,5
Alocação (T)	7	10	13	3,75	

C_{ij} = Frete médio (R\$) para ir de i até j.

A questão a ser respondida é: qual é o plano de distribuição que minimiza os custos de acordo com as várias combinações produtor-depósito existentes?

3.7.1 RESOLUÇÃO NA FORMA TABULAR

A resolução na forma tabular faz a leitura direta de linhas e colunas na matriz do modelo de transportes. No caso estudado, a formulação matemática é a seguinte:

$$\min Z = \sum_{i=1}^{I} \sum_{j=1}^{J} c_{ij} x_{ij}$$

$\min Z = 1.230 x_{11} + 1.360 x_{12} + 1.733 x_{13} + 2.298 x_{14} + 933 x_{21} + 1.102 x_{22} + 1.828 x_{23} + 2.096 x_{24} + 2.637 x_{31} + 1.807 x_{32} + 1.028 x_{33} + 1.815 x_{34}$

Sujeito às seguintes restrições:

$x_{11} + x_{12} + x_{13} + x_{14} = 15$ (produtor 1)

$x_{21} + x_{22} + x_{23} + x_{24} = 11,25$ (produtor 2)

$x_{31} + x_{32} + x_{33} + x_{34} = 7,5$ (produtor 3)

$x_{11} + x_{21} + x_{31} = 7$ (depósito 1)

$x_{12} + x_{22} + x_{32} = 10$ (depósito 2)

$x_{13} + x_{23} + x_{33} = 13$ (depósito 3)

$x_{14} + x_{24} + x_{34} = 3,75$ (depósito 4)

e $x_{ij} \geq 0$

Em que:

i = produtor e j = depósito;

x_{ij} = quantidade transportada do produtor i para o depósito j.

A resolução encontrada pelo Solver é mostrada na Figura 3.15 e aponta um custo de distribuição de R$ 44.894 e as seguintes remessas: $x_{12} = 5,75$ t; $x_{13} = 5,5$ t; $x_{14} = 3,75$ t; $x_{21} = 7$ t; $x_{22} = 4,25$ t; $x_{33} = 7,5$ t. Percebe-se que, mesmo para um problema de pequenas dimensões, já é humanamente impossível definir quais seriam as rotas sem remessa.

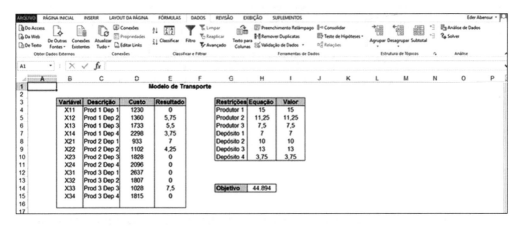

Figura 3.15 Planilha de simulação com os resultados finais do plano de distribuição.

3.7.2 RESOLUÇÃO NA FORMA DE REDE

De maneira geral, modelos de rede são utilizados em casos especiais de problemas de programação linear que são mais bem analisados por meio de uma representação gráfica. Modelos de rede aumentam a compreensão do problema e de seus resultados, pois a visualização das relações entre os componentes do sistema fica facilitada.

Uma rede é um sistema composto por nós ou vértices e arcos ou arestas que se interligam entre si a partir de um ou mais nós iniciais até um ou mais nós finais. Os nós ou vértices são marcos que podem representar cidades, depósitos ou estados intermediários em um sistema (por exemplo, posição de estoque final). Os arcos ou arestas podem expressar medidas de fluxo do sistema, como quilômetros percorridos, quilowatt/hora, custos etc.

A rede representativa do problema da safra de vinho é mostrada na Figura 3.16 a seguir. Convenciona-se que os nós de origens ou fontes possuem sinais negativos, enquanto os nós de destino têm sinal positivo. Além disso, os arcos que entram nos nós são positivos e os que saem são negativos. Conforme a Figura 3.17, para que a rede seja sustentável, cada nó intermediário deve estar em equilíbrio, ou seja, o saldo líquido dos fluxos de entrada e saída deve ser igual a zero.

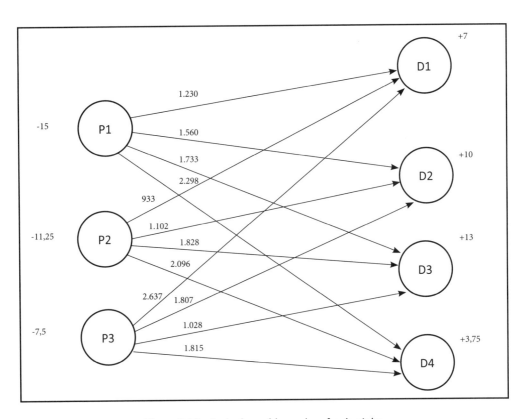

Figura 3.16 Rede do problema da safra de vinho.

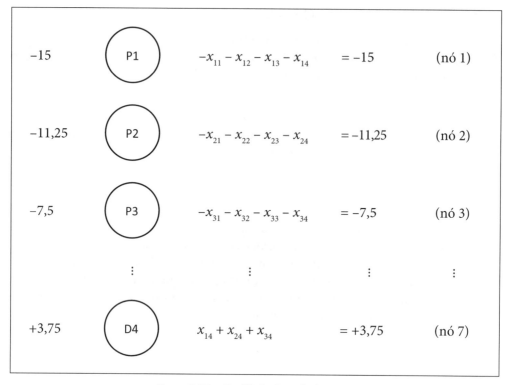

Figura 3.17 Equilíbrio dos nós da rede.

A resolução por computador é mostrada na Figura 3.18 a seguir, e o resultado, como esperado, é idêntico ao encontrado pela forma tabular (R$ 44.894).

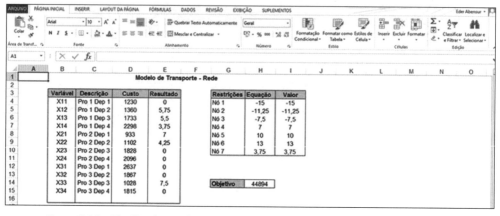

Figura 3.18 Planilha de simulação com os resultados finais do plano de distribuição.

3.7.3 APLICAÇÃO NÃO CONVENCIONAL DO MODELO DE TRANSPORTES

O exemplo a seguir mostra a extrapolação do modelo de transportes para uma situação não convencional e demonstra o potencial e a diversidade de aplicações deste modelo. O desafio deste exercício é desenvolver um modelo de PL que resolva o problema.

Malba Tahan (1895-1974) apresentou um célebre problema árabe. Como pagamento de um pequeno lote de carneiros, três mercadores árabes receberam, em Bagdá, uma partida de vinho, muito fino, composta de 21 vasos iguais, sendo:

- 7 cheios;
- 7 semicheios; e
- 7 vazios.

Eles querem dividir os 21 vasos de modo que cada um deles receba o mesmo número de vasos e a mesma quantidade de vinho.

A pergunta que pode resumir a situação está no próprio enunciado do problema, e é: como dividir os 21 vasos entre os três mercadores de forma que cada um receba o mesmo número de vasos e a mesma quantidade de vinho?

O número de vasos é inalterado e igual a 21. Qualquer forma de distribuição dos vasos deve resultar no total de 21 vasos. Portanto, uma forma de expressar a função objetivo é igualá-la ao total de vasos (21). As variáveis de decisão são os vasos de cada tipo que serão distribuídos aos mercadores. As restrições são: (i) as quantidades de vinho para cada mercador; (ii) as quantidades de vasos para cada mercador; (iii) as quantidades por tipo de vaso; e (iv) quantidades inteiras de vasos.

A partilha de vasos também pode ser entendida como um processo DE (vasos) PARA (mercador) que recai num modelo de transportes. A matriz a seguir representa o modelo de transportes para o problema.

Tabela 3.7 Modelo de transportes para o problema dos mercadores

Vaso	Mercador			Quantidade
	1	2	3	
1	1	1	1	7
2	0,5	0,5	0,5	7
3	0	0	0	7
Demanda	7	7	7	
Alocação (L)	3,5	3,5	3,5	

Admitindo-se um volume hipotético de 1 litro para cada vaso, tem-se que a quantidade total de vinho a ser distribuída entre os mercadores é igual a 10,5 litros. Essa premissa em nada compromete os resultados mesmo para diferentes volumes dos vasos, pois cada mercador irá receber a mesma quantidade de vinho.

Conforme explicado, o modelo de PL que expressa o problema seria:

$Z = x_{11} + x_{21} + x_{31} + x_{12} + x_{22} + x_{32} + x_{13} + x_{23} + x_{33} = 21$

Sujeito às seguintes restrições:

$x_{11} + x_{21} + x_{31} = 7$ (vasos do mercador 1)

$x_{12} + x_{22} + x_{32} = 7$ (vasos do mercador 2)

$x_{13} + x_{23} + x_{33} = 7$ (vasos do mercador 3)

$x_{11} + x_{12} + x_{13} = 7$ (vasos cheios)

$x_{21} + x_{22} + x_{23} = 7$ (vasos semicheios)

$x_{31} + x_{32} + x_{33} = 7$ (vasos vazios)

$x_{11} + 0{,}5x_{21} = 3{,}5$ (quantidade de vinho do mercador 1)

$x_{12} + 0{,}5x_{22} = 3{,}5$ (quantidade de vinho do mercador 2)

$x_{13} + 0{,}5x_{23} = 3{,}5$ (quantidade de vinho do mercador 3)

e $x_{ij} \geq 0$ (inteiro)

x_{ij} = quantidade de vasos do tipo i do mercador j

Em que:

i = tipo de vaso (1 = cheio, 2 = semicheio, 3 = vazio);

j = mercador (1, 2, 3).

A resolução por computador é mostrada na Figura 3.19 a seguir. Dois mercadores receberiam 3 vasos cheios, 1 semicheio e 3 vazios (3-1-3). Um mercador receberia 1 vaso cheio, 5 semicheios e 1 vazio (1-5-1).

É interessante salientar que o livro de Malba Tahan apresenta a seguinte solução inicial: (i) 3-1-3 para um mercador e (ii) 2-3-2 para os outros dois. As duas soluções são equivalentes e satisfazem a todas as restrições, mostrando que este é um exemplo de problema com múltiplas soluções.

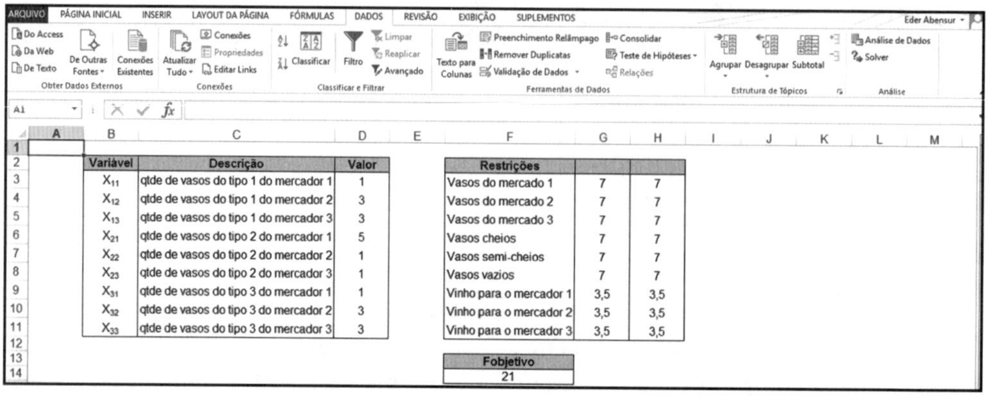

Variável	Descrição	Valor
X_{11}	qtde de vasos do tipo 1 do mercador 1	1
X_{12}	qtde de vasos do tipo 1 do mercador 2	3
X_{13}	qtde de vasos do tipo 1 do mercador 3	3
X_{21}	qtde de vasos do tipo 2 do mercador 1	5
X_{22}	qtde de vasos do tipo 2 do mercador 2	1
X_{23}	qtde de vasos do tipo 2 do mercador 3	1
X_{31}	qtde de vasos do tipo 3 do mercador 1	1
X_{32}	qtde de vasos do tipo 3 do mercador 2	3
X_{33}	qtde de vasos do tipo 3 do mercador 3	3

Restrições		
Vasos do mercado 1	7	7
Vasos do mercado 2	7	7
Vasos do mercado 3	7	7
Vasos cheios	7	7
Vasos semi-cheios	7	7
Vasos vazios	7	7
Vinho para o mercador 1	3,5	3,5
Vinho para o mercador 2	3,5	3,5
Vinho para o mercador 3	3,5	3,5

Fobjetivo
21

Figura 3.19 Planilha de simulação com os resultados da partilha dos vasos.

Programação linear

3.8 APLICAÇÕES DE PL EM ENGENHARIA DE PRODUÇÃO

3.8.1 COMPOSIÇÃO QUÍMICA

Este e o próximo problema representam um fragmento de uma situação real da fabricação de sabonetes (mistura, embalagem e encaixotamento) praticado por uma indústria do ramo de higiene e limpeza na cidade de São Paulo.

O processo de produção de sabonetes de uso pessoal pode ser genericamente dividido em duas partes: (i) a produção da pasta; e (ii) corte, formatação e embalagem do sabonete no seu aspecto e apresentação final ao consumidor. Na primeira fase, os componentes são misturados para a fabricação da pasta, que será posteriormente transportada para a fase seguinte do processo. O sabonete é composto de sebo, babaçu, dendê e soda cáustica.

As matérias-primas são trazidas em caminhões-tanque, principalmente dos estados do nordeste brasileiro. As gorduras em estado sólido são canalizadas para os tanques de abastecimento por meio de injeção com vapor. As indústrias de higiene e limpeza operam num regime de 7 dias por semana e 24 horas por dia. A formulação do sabonete depende dos custos dessas *commodities*, que chegam semanalmente. Numa determinada semana, os preços por quilo de embarque do sebo, dendê, babaçu e soda cáustica foram, respectivamente, os seguintes: R$ 2,75, R$ 2,90, R$ 4,70 e R$ 5,90.

De acordo com a área técnica, as seguintes condições devem ser mantidas: (i) a soma de dendê e babaçu não deve superar 15% do total em massa; (ii) o babaçu não pode ser inferior a 5% do total; (iii) a soda cáustica não deve ser inferior a 22%; e (iv) o sebo deve ser superior a 50%.

Portanto, a pergunta que resume o problema é: qual a composição do sabonete que minimiza o custo conforme os preços das matérias-primas? A função objetivo é minimizar o custo restrito às condições técnicas de qualidade do produto final.

O modelo de PL que expressa o problema é:

$$\text{mín } Z = 2{,}75x_{\text{sebo}} + 4{,}70x_{\text{babaçu}} + 2{,}90x_{\text{dendê}} + 5{,}90x_{\text{soda}}$$

Sujeito às seguintes restrições:

$x_{\text{sebo}} + x_{\text{babaçu}} + x_{\text{dendê}} + x_{\text{soda}} = 1$ (soma dos componentes)

$x_{\text{babaçu}} + x_{\text{dendê}} \geq 0{,}15$ (participação de dendê + babaçu)

$x_{\text{sebo}} \geq 0{,}50$ (participação de sebo)

$x_{\text{soda}} \geq 0{,}22$ (participação de soda cáustica)

e $x_i \geq 0$

Em que:

x_i = participação percentual na massa do sabonete.

A resolução por computador obteve 63% de sebo, 22% de soda cáustica, 15% de dendê e 0% de babaçu. Apesar do resultado da otimização ser factível, é prudente, para não incorrer no erro tipo III (ficar refém do resultado do modelo visto no Capítulo 2), questionar a área técnica das consequências de não haver babaçu na fórmula otimizada.

3.8.2 PLANEJAMENTO AGREGADO DA PRODUÇÃO

Esta mesma empresa, durante o processo de orçamento industrial, precisa realizar o planejamento agregado (quantidades estimadas por linha de produção) de alguns sabonetes de seu portfólio. A empresa apresenta capacidade instalada suficiente para o atendimento de sua previsão de vendas e trabalha num regime de 3 turnos diários e 7 dias da semana. Os sabonetes tipo A (90 g), B (90 g), C (130 g) e D (100 g) são atualmente fabricados em três linhas de produção da seguinte maneira:

a) Linha 1 produz A (0,1751 hh/cx) e D (0,1499 hh/cx);

b) Linha 2 produz A (0,1751 hh/cx); B (0,1751 hh/cx) e D (0,1499 hh/cx);

c) Linha 3 produz C (0,2 hh/cx).

As linhas 1 e 2 têm disponibilidade de 5.040 hh/mês cada uma, e a linha 3, 1.920 hh/mês. Os sabonetes A, B, C e D devem ser produzidos de acordo com a estimativa de vendas fornecida pela sua área de marketing; conforme o departamento de custos, as margens de contribuição por caixa de sabonete são, respectivamente: R$ 0,28, R$ 0,28, R$ 0,38 e R$ 0,20. As demandas são, respectivamente, de 32.914, 2.298, 8.745 e 9.279 caixas para o período analisado.

Novamente, a pergunta que pode resumir a situação é: qual o plano de produção com maior rentabilidade para a empresa? Naturalmente, a função objetivo seria maximizar o lucro restrito ao atendimento da demanda e às disponibilidades horárias de cada linha.

Conforme visto, esse problema pode ser expresso em termos de um modelo de transportes. A matriz de transportes é mostrada na Tabela 3.8 a seguir.

Tabela 3.8 Matriz de transportes para o problema

	P1	P2	P3	P4	Restrições
L1	0,1751			0,1499	5.040
L2	0,1751	0,1751		0,1499	5.040
L3			0,2		1.920
Produção	32.914	2.298	8.745	9,279	
Margem	0,28	0,28	0,38	0,20	

O modelo de PL que expressa o problema é:

máx $Z = 0,28(x_{11} + x_{12}) + 0,28(x_{22}) + 0,38(x_{33}) + 0,20(x_{41} + x_{42})$

Sujeito às seguintes restrições:

$0,1751x_{11} + 0,1499\ x_{41} \leq 5.040$ (Linha 1)

$0,1751x_{12} + 0,1751x_{22} + 0,1499\ x_{42} \leq 5.040$ (Linha 2)

$0,2\ x_{33} \leq 1.920$ (Linha 3)

$x_{11} + x_{12} = 32.914$ (Demanda P1)

$x_{22} = 2.298$ (Demanda P2)

$x_{33} = 8.745$ (Demanda P3)

$x_{41} + x_{42} = 9.279$ (Demanda P4)

e $x_{ij} \geq 0$

Em que:

x_{ij} = quantidade fabricada do produto i na linha j.

A resolução por computador obteve os seguintes resultados: (i) linha 1 (28.783,55 caixas de A); (ii) linha 2 (4.130,45 caixas de A; 2.298 caixas de B; 9.279 caixas de D) e (iii) linha 3 (8.745 caixas de C). Nota-se que os resultados (em quantidades de caixas) estão em números fracionários, pois, num regime de trabalho por turno, uma caixa não acabada num turno é completada no turno seguinte.

3.8.3 LOGÍSTICA[2]

Uma empresa multinacional do ramo metalúrgico instalada no Brasil interessou--se em avaliar sua atual gestão de operações de transporte de produtos laminados por meio da comparação do seu programa de distribuição realizado num determinado período com os resultados obtidos pela aplicação de programação linear.

Todo o transporte de insumos para as unidades produtivas e escritórios da empresa, bem como o transporte de produtos entre as unidades produtivas e escritórios (transferência de insumos ou de produtos) e transporte de produtos acabados para os clientes são realizados por empresas terceirizadas, atividade denominada pelo termo em inglês *third-party logistics* (3PL – agente de logística terceirizado). As Tabelas 3.9 e 3.10 a seguir mostram, respectivamente, os tipos de contratos existentes e os tipos de veículos usados para carregamento.

---

[2]   Esta seção foi baseada em Selem (2014).

Tabela 3.9   Resumo dos tipos de contrato existentes

Tipo de contrato	Tipo de carregamento	Forma de cobrança
Viagem	Carga cheia	Valor cobrado pela capacidade do veículo
Tonelada	Carga fracionada	Valor cobrado pela quantidade carregada
Faixa	Carga cheia ou fracionada	Valor cobrado considerando-se o veículo com carga cheia até determinado volume, após, valor cobrado por quantidade carregada
Locação mensal	Carga cheia ou fracionada	Valor cobrado por dia útil de utilização, independentemente do número de viagens realizado no mesmo dia

Tabela 3.10   Tipos de veículo utilizados para os carregamentos

Veículo	Capacidade (kg)
608	3.000
Toco	6.000
Truck	12.000
Carreta	25.000
Bitrem 30	30.000
Bitrem 38	38.000
Rodotrem	50.000

O modelo matemático de PL proposto seguiu a formulação matemática genérica dos modelos de transporte conforme descrito a seguir.

$$\min Z = \sum_{i=1}^{I} \sum_{j=1}^{J} c_{ij} x_{ij}$$ Minimizar o custo de transporte da quantidade x da origem i para o destino j.

Sujeito a:

$$\sum_{i=1}^{I} \sum_{j=1}^{J} x_{ij} = O_i$$ Restrição da oferta.

$$\sum_{i=1}^{I} \sum_{j=1}^{J} x_{ij} = D_j$$ Restrição da demanda.

$$x_{ij} \geq 0$$ Quantidades positivas

Em que:

i = origem e j = destino;

I = quantidade de origens e J = quantidade de destino;

x_{ij} = quantidade distribuída da origem i para o destino j.

Programação linear   **57**

Os resultados semanais obtidos pelo modelo de PL e os realizados pela empresa durante o mês de análise estão resumidos na Tabela 3.11 a seguir. Em todos os casos, foi possível obter por meio do modelo de PL um custo total menor do que o realizado pela empresa. A variação dos valores referentes aos custos entre o realizado pela empresa e o modelo ótimo proposto foram de 9,42% na primeira semana, 15,92% na segunda, 29,11% na terceira e 29,06% na última.

Tabela 3.11   Comparação dos resultados

Semana	Origem	Empresa	PL	PL/Empresa
		Carga (t)	Carga (t)	Redução (%)
1	Planta 1	399,39	471,31	
	Planta 2	173,08	138,80	
	Planta 3	323,90	286,25	
	Custo	153.777,45	139.288,59	9,42%
2	Planta 1	270,66	354,28	
	Planta 2	180,62	134,05	
	Planta 3	365,15	328,10	
	Custo	150.014,06	126.136,41	15,92%
3	Planta 1	291,31	352,70	
	Planta 2	356,12	347,25	
	Planta 3	379,22	326,70	
	Custo	232.942,15	165.127,15	29,11%
4	Planta 1	598,44	605,40	
	Planta 2	320,77	326,76	
	Planta 3	737,00	724,15	
	Custo	369.418,99	262.063,23	29,06%

EXERCÍCIOS

1. Determine graficamente a região de soluções viáveis para cada uma das seguintes restrições independentes, sendo que x_1 e $x_2 \geq 0$:

a) $x_1 - 3x_2 \geq 5$

b) $2x_1 - 3x_2 \leq 18$

c) $-x_1 + x_2 \geq 0$

d) $3x_1 - 2x_2 \leq 6$

2. Determine graficamente a região de soluções viáveis e teste os pontos extremos para determinar a solução ótima dos seguintes problemas:

a) máx $Z = 20x_1 + 10x_2$

Sujeito a:

$x_1 + x_2 \leq 12$

$5x_1 + 3x_2 \leq 45$

b) mín $Z = 0,5x_1 + x_2$

Sujeito a:

$x_2 \geq 12$

$2x_1 + 5x_2 \geq 30$

$x_1 + x_2 \geq 18$

3. Escreva o problema dual correspondente a cada um dos seguintes problemas primais:

a) máx $Z = -3x_1 + 4x_2$

Sujeito a:

$-x_1 + x_2 \leq -2$

$2x_1 + 3x_2 \leq 6$

x_1 e $x_2 \geq 0$

b) máx $Z = 4x_1 + 3x_2$

Sujeito a:

$x_1 - x_2 \leq -1$

$-x_1 + x_2 \leq 0$

x_1 e $x_2 \geq 0$

c) mín $Z = 4x_1 + 2x_2$

Sujeito a:

$6x_1 - 3x_2 \geq 2$

$3x_1 + 4x_2 \geq 5$

x_1 e $x_2 \geq 0$

4. Escreva as relações matemáticas que determinam a região de soluções viáveis definida pelas áreas coloridas nos gráficos a seguir.

Programação linear

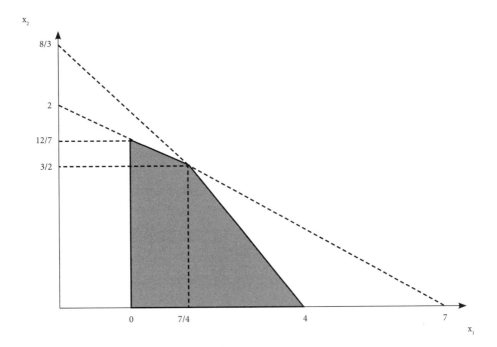

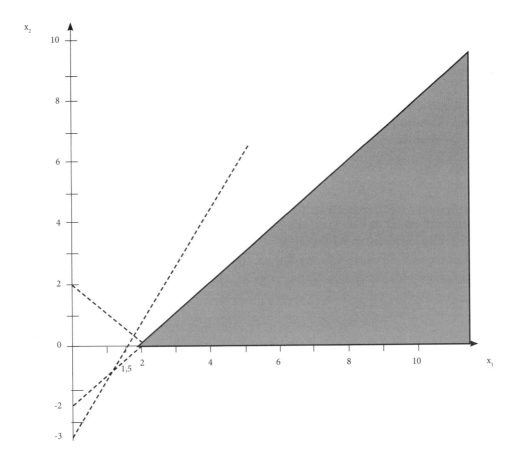

5. Para o primeiro gráfico do exercício 4, admita que os pontos (1;12/7) e (7/4;3/2) são soluções ótimas do problema. Nesse caso, elas seriam as únicas? Justifique usando os teoremas de PL.

6. Resolva os seguintes problemas aplicando manualmente a forma matricial do algoritmo simplex.

máx $Z = 3x_1 + 5x_2$	máx $Z = 5x_1 + 4x_2$
Sujeito a:	Sujeito a:
$3x_1 + 2x_2 \leq 18$	$6x_1 + 4x_2 \leq 24$
$x_1 \leq 4$	$x_1 + 2x_2 \leq 6$
$2x_2 \leq 12$	$-x_1 + x_2 \leq 1$
$x_1, x_2 \geq 0$	$x_1, x_2 \geq 0$

7. Resolva os problemas do exercício 6 usando o Excel Solver.

8. Um xeque excêntrico deixou um testamento no qual um rebanho de camelos deve ser distribuído entre seus três filhos. Tarek deverá receber no mínimo a metade do rebanho. Sharif deverá receber no mínimo 1/3 e Maísa ficará com no mínimo 1/9. O restante deverá ser doado como caridade. O testamento não especifica o tamanho do rebanho, mas cita que o número de camelos é ímpar e que a instituição de caridade escolhida receberá pelo menos um camelo (TAHAN, 2015). Resolva esse problema com um modelo de PL.

9. Um grupo de alunos estuda otimizar a dieta de suas refeições compatíveis com os custos de seu refeitório universitário pela aplicação de PL. Para tanto, eles levantaram uma amostra com os custos de 9 alimentos e a participação em massa de 12 nutrientes, conforme mostrado na tabela a seguir. As necessidades mínimas diárias de cada nutriente são mostradas na última coluna. Determine a dieta ótima para a amostra apresentada.

	Abacate	Abacaxi	Abóbora	Acelga	Açúcar branco	Açúcar mascavo	Agrião	Aipim	Alface	Quantidade mínima
Custo (R$/kg)	0,55	0,89	0,67	0,75	0,89	17,46	1,47	0,67	1,42	
Sódio (mg)	46	11	32	154	0,3	24	33	95	12	2.389,83
Proteínas (mg)	0,0019	0,0035	0,0012	0,0016	0	0,0004	0,0028	0,0001	0,0012	0,056
Carboidratos (mg)	0,0052	0,0068	0,0076	0,0056	0,099	0,0906	0,0033	0,0328	0,0028	0,13
Gorduras (mg)	0,0187	0,0004	0,0002	0,0004	0	0,0005	0,0004	0,0004	0,0002	0,035
Fibras (mg)	0,0014	0,0029	0,0013	0	0	0	0,0012	0,0024	0,0007	0,038
Ferro (mg)	0,9	0,4	0,6	3,6	0,1	12	1,9	1,4	1,6	8
Vit. C (mg)	11	27	17	34	0	2	44	19	12	90
Potássio (mg)	340	210	480	351	0	230	180	290	140	1.000
Fósforo (mg)	46	10	22	29	1	79	76	34	30	700
Zinco (mg)	1,9	0,28	0,21	0	0	0	0,56	0	0,44	11
Magnésio (mg)	18	14	21	12	0	0	10	35	15	420
Cálcio (mg)	25	17	19	110	5	250	117	40	40	1.000

10. Quatro produtos são processados sequencialmente em três máquinas. A tabela a seguir apresenta os dados de produção. Formule o problema como um modelo de PL e obtenha a solução ótima.

Componente	Custo/h	Produto 1	Produto 2	Produto 3	Produto 4	Capacidade (h)
Máquina 1	9	2	3	4	2	500
Máquina 2	6	3	2	2	2	380
Máquina 3	5	7	3	2	1	450
Preço unitário (R$)		75	70	60	55	

11. (Baseado em Silva Leme, 1955) Uma refinaria de petróleo, para obter óleo *fuel*, mistura três componentes: Pitch (P), Tar (T) e Flex (F), cujas características são resumidas na tabela a seguir. O óleo *fuel*, cujas características são as médias aritméticas ponderadas das características dos componentes, tem que ter uma viscosidade superior a 21 e um peso específico superior a 12.

A refinaria possui matéria-prima que pretende esgotar na produção de óleo *fuel* e que pode fornecer 1.000 unidades de Pitch ou 800 unidades de Tar. O Flex é adquirido em qualquer quantidade pelo preço de $ 8 por unidade, e o óleo *fuel* é vendido por $ 5 a unidade. Determine um modelo de PL que otimize a composição dos produtos.

Componente	Viscosidade	Peso específico
P	5	8
T	11	7
F	37	24

12. (Baseado em Silva Leme, 1955) Uma companhia de navegação serve 14 portos relacionados a seguir, e em cada um embarca e desembarca quantidades diferentes de mercadoria. Em consequência, além dos navios carregados, cuja programação é definida pelo próprio destino das mercadorias, temos os navios vazios para compensar as desigualdades mencionadas. Determine um modelo de PL que otimize o programa de navegação da companhia (sugestão: trabalhe com o fluxo líquido dos portos).

Porto	Recebe (10^6t)	Expede (10^6t)
Roterdã	151,30	156,72
Lisboa	41,48	26,63
Atenas	32,42	13,86
Odessa	1,70	13,25
Lagos	2,76	1,34
Durban	2,93	1,77
Bombaim	6,49	9,95
Singapura	4,75	4,93
Yokohama	5,39	3,35
Sydney	3,37	6,30
San Francisco	2,60	2,37
Nova York	12,78	28,18
São Tomás	12,04	7,80
La Plata	12,26	15,82
Total	292,27	292,27

Custo de transporte por unidade do porto i para o porto j

Expedem	Recebem						
	Roterdã	Odessa	Bombaim	Singapura	Sydney	Nova York	La Plata
Lisboa	1,1	-	5,2	7,2	10,6	3,0	5,3
Atenas	-	0,7	3,7	5,7	9,0	4,8	7,1
Lagos	-	-	8,1	9,0	12,7	4,9	4,3
Durban	-	-	4,1	4,9	6,2	-	4,6
Yokohama	-	-	5,4	2,9	4,3	9,7	13,2
S. Franc.	-	-	9,8	7,3	6,4	5,2	8,7
São Tomás	-	-	8,3	10,2	8,8	1,4	4,6

64 — *Pesquisa operacional para cursos de Engenharia de Produção*

13. (Baseado em Silva Leme, 1955) Um fazendeiro possui terras em que podem ser produzidos batata, milho, soja, couve e alface e criado gado. Cada uma dessas alternativas requer o emprego de um certo número de recursos e fornece uma certa receita líquida, conforme demonstra a tabela a seguir. A criação de gado requer um esforço de produção muito inferior ao da agricultura, e por isso sua estimativa de horas de trabalho foi considerada insignificante (0) em comparação aos itens de plantio.

a) Defina um modelo de PL para o programa de produção do fazendeiro e obtenha a solução ótima.

b) Resolva o problema dual correspondente e apresente a sua interpretação econômica.

Dados dos recursos disponíveis para produção

	Unid.	Batata	Milho	Soja	Gado	Couve	Alface	Disponib.
Terra 1º sem.	Acre	Sim	Sim	Sim	Sim	Não	Não	60
Terra 2º sem.	Acre	Não	Sim	Sim	Sim	Sim	Sim	60
Capital	$	99,4	37,75	19,75	27,7	74,75	53,0	2.000
Trabalho jan.-fev.	Hora	2,400	1,540	-	0	-	-	351
mar.-abr.	Hora	2,000	1,960	-	0		-	448
mai.-jun.	Hora	1,800	3,300	5,330	0	-	-	479
jul.-ago.	Hora	-	-	2,070	0	8,700	-	388
set.-out.	Hora	-	-	0,436	0	19,100	12,363	424
nov.-dez.	Hora	-	3,000	0,364	0	9,100	26,737	359
Receita líq.	$	83,40	72,35	27,30	72,04	207,25	455,00	

14. (Baseado em Buffa, 1979) Um conglomerado possui 3 fábricas e 5 depósitos. A capacidade de cada fábrica, as demandas dos depósitos e os custos de remessa de cada fábrica para os depósitos são apresentados na tabela a seguir. O custo de transporte é diretamente proporcional ao número de unidades transportadas. Defina um modelo de PL para o programa de distribuição desse conglomerado e obtenha a solução ótima.

Dados dos recursos disponíveis para a distribuição

	Dep. 1	Dep. 2	Dep. 3	Dep. 4	Dep. 5	Capacidade (caixas)
Fábrica 1	225,0	189,0	220,5	229,5	247,5	200
Fábrica 2	202,5	198,0	202,5	166,5	238,5	150
Fábrica 3	189,0	193,5	211,5	189,0	229,5	180
Demanda (caixas)	70	90	120	50	200	530

Programação linear

15. Sob a ótica dos problemas de transporte, os problemas de transbordo são mais do mesmo. As junções, que são os pontos de transbordo ou baldeação de mercadorias e/ou pessoas, representam mais origens e destinos a serem considerados na matriz de transporte. O problema a seguir foi apresentado por Hillier e Lieberman (2006) e tem a intenção de determinar o plano para a destinação das remessas do problema clássico de transporte com a incorporação de junções que minimizem os custos de distribuição de acordo com as várias combinações fábricas-junções-depósitos existentes.

		Fábricas			Junções					Depósitos				Oferta
		1	2	3	4	5	6	7	8	9	10	11	12	
Fábricas	1	0	146	-	324	286	-	-	-	452	505	-	871	375
	2	146	0	-	373	212	570	609	-	335	407	688	784	425
	3	-	-	0	658	-	405	419	158	-	685	359	673	400
Junções	4	322	371	656	0	262	398	430	-	503	234	329	-	300
	5	284	210	-	262	0	406	421	644	305	207	464	558	300
	6	-	569	403	398	406	0	81	272	597	253	171	282	300
	7	-	608	418	431	422	81	0	287	613	280	236	229	300
	8	-	-	158	-	647	274	288	0	831	501	293	482	300
Depósitos	9	453	336	-	505	307	599	615	831	0	359	706	587	300
	10	505	407	683	235	208	254	281	500	357	0	362	341	300
	11	-	687	357	329	464	171	236	290	705	362	0	457	300
	12	868	781	670	-	558	282	229	480	587	340	457	0	300
Demanda		300	300	300	300	300	300	300	300	380	365	370	385	

CAPÍTULO 4
PROGRAMAÇÃO LINEAR INTEIRA

Deus criou os inteiros; todo o resto é trabalho do homem.
Leopold Kronecker

4.1 CONTEXTUALIZAÇÃO E O ALGORITMO *BRANCH-AND-BOUND*

Pode-se dizer que os números inteiros representam a base de formação da matemática, pois as primeiras noções de contagem dos seres humanos surgiram como observação da quantidade de dedos de uma e das duas mãos, respectivamente, a base 5 e a base 10.

A modelagem de problemas de programação linear inteira (PLI) pode ser entendida como a modelagem de problemas de PL acrescentando-se a restrição de que parte ou todas as variáveis de decisão são números inteiros. Há dois tipos importantes de números inteiros: (i) os inteiros genéricos (1, 2, 3, ...); e os números binários (0 e 1). Os números binários representam uma interessante e sofisticada categoria de situações do tipo existe e não existe, sim e não, presente e ausente, verdadeiro e falso etc.

Qualquer situação cuja formulação matemática se encaixe no modelo a seguir é um problema de PLI.

$$\text{máx/mín } Z = c_1 x_1 + c_2 x_2 + ... + c_n x_n$$

s.a.

$$a_{11} x_1 + a_{12} x_2 + ... + a_{1n} x_n = b_1$$

$$a_{21} x_1 + a_{22} x_2 + ... + a_{2n} x_n = b_2$$

$$\vdots \qquad \vdots \qquad \qquad \vdots \qquad \vdots$$

$$a_{m1}x_1 + a_{m2}x_2 + ... + a_{mn}x_n = b_m$$

$$x_1, x_2, ..., x_n \geq 0$$

$$x_1, x_2, ..., x_n \in N$$

Os problemas de PLI abrangem uma grande e diversificada faixa de situações de interesse, como: gestão de estoques, localização de instalações, roteirização, programação da produção, cobertura, seleção de projetos etc.

O problema dos barris de vinho na versão PLI

Reformulando o problema dos barris de vinho e alterando os limites de duas restrições, de 300 para 298 e de 1.200 para 1.179, tem-se:

$$\text{máx } Z = 1000 + 1800x_f$$

s.a.

$$20x_a \leq 800$$

$$10x_f \leq 298$$

$$20x_a + 30x_f \leq 1179$$

$$x_a, x_f \geq 0$$

$$x_a, x_f \in N$$

Inicialmente, obtêm-se os resultados deste modelo na versão de PL que apresenta x_a e x_f iguais a 14,25 e 29,80, respectivamente. Agora deseja-se que os resultados sejam números inteiros de barris, ou seja, x_a e x_f não podem assumir valores fracionários. Uma tentativa inicial seria arredondar os valores iniciais obtidos para os números inteiros mais próximos, no caso, $x_a = 14$ e $x_f = 30$. Pode-se verificar que essa combinação viola a última restrição (1.180 > 1.179), não sendo uma solução viável para o problema. Outra alternativa seria truncar os valores e assumir apenas as partes inteiras ($x_a = 14$ e $x_f = 29$). Essa alternativa, conforme será visto, pode oferecer resultados inferiores para o problema.

Esse exemplo mostra que: (i) arredondar os valores da solução contínua pode violar uma das restrições; (ii) truncar os valores da solução contínua é uma aproximação grosseira e pode conduzir a resultados inferiores. Portanto, resolver um PLI requer um algoritmo específico.

Branch-and-bound (ramificação e avaliação progressiva) é considerado o algoritmo mais confiável e, portanto, o mais usado na resolução de problemas de PLI. A ideia geral é dividir o conjunto de soluções viáveis em subconjuntos sem interseções entre si. Calculam-se os limites inferiores e superiores para cada subconjunto e eliminam-se certos subconjuntos com regras preestabelecidas (por exemplo, condição de *loop*).

Em um problema de maximização, o valor ótimo da função objetivo do problema de PL relaxado representa um limite superior do problema de PLI. Em um problema

Programação linear inteira 69

de minimização, o valor ótimo da função objetivo do problema de PL relaxado representa um limite inferior do problema de PLI. Dá-se o nome de problema relaxado ao problema de PLI com a mesma função objetivo e as mesmas restrições, com exceção da condição de variáveis inteiras.

A cada ramificação, resolvem-se os problemas relaxados até encontrar uma solução inteira, encerrando-se assim o ramo da árvore de decisão do algoritmo. A Figura 4.1 a seguir mostra a resolução do problema usando o algoritmo *branch-and-bound* (B&B) e adotando a variável x_a para início do método.

A ramificação inicial gera os subproblemas 2 e 3 para a variável x_a assumindo os valores 14 e 15. Fixando-se esses valores para x_a, encontram-se os valores 29,8 e 29,3 para x_f. Como não há soluções inteiras, o processo continua gerando os subproblemas 4, 5, 6 e 7. Os subproblemas 5 e 7 são inviáveis, pois, para x_f igual a 30, a segunda restrição é violada. Restam os subproblemas 4 e 6. O método se encerra, pois ambos os subproblemas resultam em soluções inteiras, mas o subproblema 6 apresenta uma função objetivo superior (67.200). A solução ótima é, portanto, $x_a = 15$ e $x_f = 29$. O mesmo resultado seria encontrado iniciando-se por x_f, conforme mostrado na Figura 4.2.

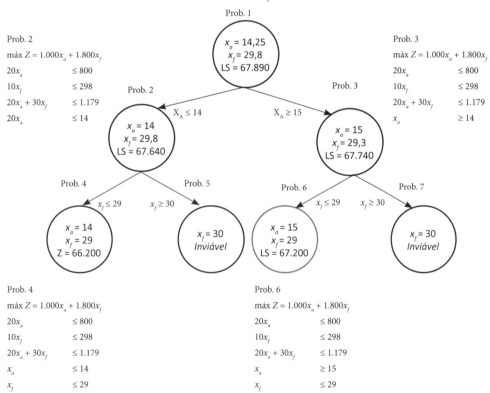

Figura 4.1 Resolução do problema da fábrica de barris de vinho por *branch-and-bound* iniciando por x_a.

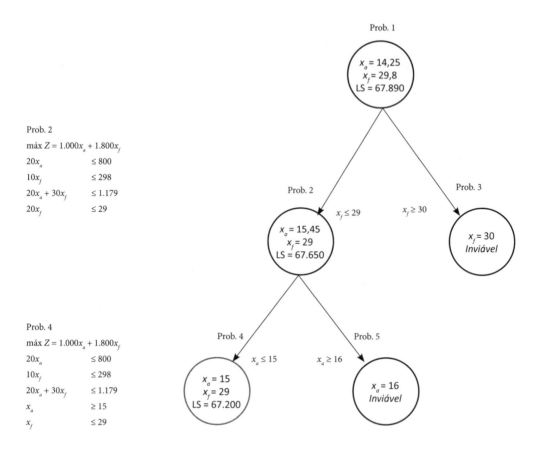

Figura 4.2 Resolução do problema da fábrica de barris de vinho por *branch-and-bound* iniciando por x_f.

O termo enumeração, ou enumerar, é comumente empregado na programação linear inteira. Ele significa relacionar metodicamente o conjunto de todas as possíveis soluções (ABENSUR, 2013). O algoritmo de *branch-and-bound* é o tipo de enumeração implícita em que há uma regra de enumeração das soluções com uma avaliação progressiva dos resultados.

O cerne da dificuldade da abordagem exata está na explosão combinatória dos métodos enumerativos. Um problema com n variáveis desenvolverá, no mínimo, cerca de $2^{(n+1)/2}$ nós (partições do problema principal). Se o problema possuir 201 variáveis, então a árvore será da ordem de 2^{101} nós. Um computador capaz de examinar 1,5 trilhão de nós por segundo dessa árvore levaria cerca de 537 milhões de anos para esgotar todas as possibilidades existentes (GOLDBARG; LUNA, 2005).

Portanto, problemas de grande porte podem não ser resolvidos em tempo computacional aceitável pelo algoritmo de *branch-and-bound*. Essa característica propicia a abordagem heurística sobre os problemas de PLI, que será explorada no Capítulo 8.

4.2 PROGRAMAÇÃO INTEIRA E BINÁRIA E RESOLUÇÃO POR COMPUTADOR

Os problemas inteiros e binários representam uma interessante e relevante categoria dentro da pesquisa operacional. Restrições do tipo "sim" e "não" permitem sofisticadas e elegantes abordagens de modelagem matemática. Como problema introdutório desta seção é mostrada uma clássica versão do problema da mochila.

O problema da mochila

Um aluno pretende usar sua nova mochila escolar. No entanto, há vários itens a serem carregados com diferentes utilidades para ele. A mochila apresenta uma capacidade em volume de 6.160 cm^3 e os diversos itens possuem volumes e utilidades conforme mostrado na Tabela 4.1.

Tabela 4.1 Utilidade e volume dos itens

Item	Volume (cm^3)	Utilidade	X_i
Agenda	810	2	0
Calculadora	140,6	2	0
Estojo	85	1	0
Celular	99	3	0
Carteira	228	3	0
Guarda-chuva	437,5	3	0
Notebook	3.024	2	0
Jornal	1.320	2	0
Caderno	840	3	0
Livro	465,5	3	0
	7.449,60		

Fazer a formulação do modelo matemático para maximizar a utilidade:

a) sem restrições sobre os itens selecionados;

b) participação obrigatória de celular e *notebook*;

c) celular e *notebook* são mutuamente exclusivos.

A Figura 4.3 a seguir resume as etapas de identificação do modelo matemático do problema da mochila. Caracteriza-se uma decisão binária, pois os itens selecionados entrarão na mochila ($x_i = 1$), enquanto os demais não farão parte ($x_i = 0$).

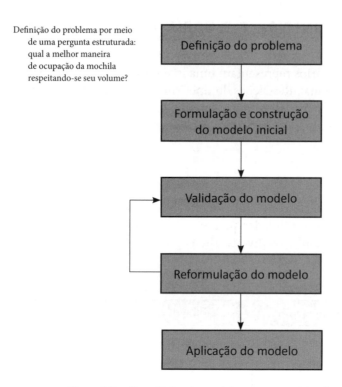

Figura 4.3 Fluxo lógico da modelagem matemática do problema da mochila.

A formulação matemática do problema é a seguinte:

$$\text{máx } Z = \sum_{i=1}^{10} x_i u_i$$

Sujeito a:

$$\sum_{i=1}^{10} x_i v_i \leq 6.160$$

$x_i \in \{0, 1\}$

x_i = quantidade do item i

u_i = utilidade do item i

A Figura 4.4 apresenta a tela de restrições do Solver para inclusão da condição de variáveis binárias. Na planilha, as variáveis de decisão localizadas nas células E5:E14 devem ser caracterizadas como binárias pela inclusão de uma restrição. A versão do Microsoft Excel® 2013 ainda solicita que a janela mostrada na Figura 4.5 tenha a opção "Ignorar restrições de números inteiros" não habilitada. Essa opção aparece após clicar no botão "Opções" da tela principal do Solver. Essa é uma alternativa útil para simulações do mesmo modelo que ignorem a condição binária. No mais, os mesmos procedimentos descritos no Capítulo 3 devem ser seguidos. A Figura 4.6 mostra os resultados da simulação.

Programação linear inteira 73

Figura 4.4 Planilha de simulação com a restrição de variáveis binárias.

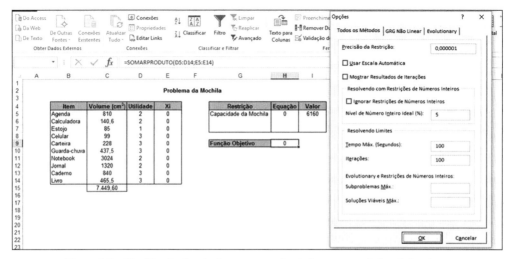

Figura 4.5 Planilha de simulação com a opção de ignorar restrições de inteiros.

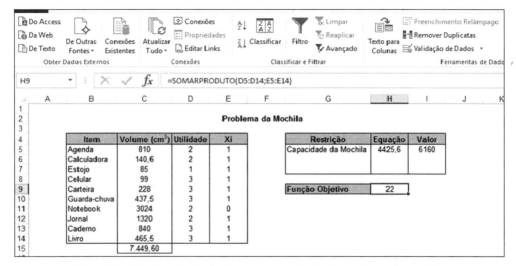

Figura 4.6 Planilha de simulação com os resultados do problema da mochila.

Os resultados da Figura 4.6 mostram que todos os itens são selecionados com exceção do *notebook* e o valor da função objetivo é igual a 22. As soluções para as alternativas b e c exigem adicionar, separadamente, novas restrições lógicas com o uso das condições binárias das variáveis, conforme apresentado a seguir:

- Alternativa b – participação obrigatória de celular e *notebook*

    x_4 (celular, célula E8)   = 1

    x_7 (*notebook*, célula E11) = 1

- Alternativa c – celular e *notebook* são mutuamente exclusivos

    x_4 (celular) + x_7 (*notebook*) ≤ 1

Os valores encontrados das funções objetivo são iguais a 22, e na alternativa c o celular é selecionado, enquanto o *notebook* não.

O problema do caminho mínimo

O problema do caminho mínimo integra a forma de resolução por rede dos problemas de transporte com a programação linear inteira. Na versão clássica do problema, os arcos representam a distância entre dois pontos ou nós. No entanto, os arcos podem carregar quilowatts/hora de uma rede de distribuição de energia, metros cúbicos de gás, custos em reais de um processo de decisão etc. Por isso, o método de solução desse problema aplica-se a muitas outras situações de interesse.

Em geral, há dois nós, denominados origem e destino. Entre eles há nós intermediários, e o objetivo é encontrar a combinação de nós e arcos que descrevam uma sequência contínua com a menor soma total dos valores apresentados sobre os arcos.

A Figura 4.7 a seguir mostra a rede de distâncias em quilômetros do problema de uma empresa localizada em Tupã (SP) que necessita saber o caminho mínimo para uma entrega de emergência na cidade de São Paulo.

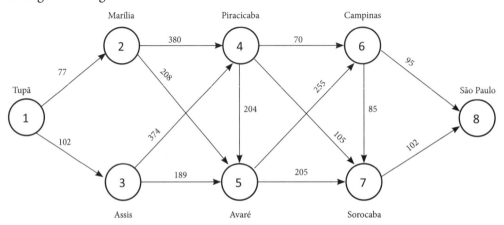

Figura 4.7   Rede do problema do caminho mínimo analisado.

Programação linear inteira　75

O objetivo é minimização do caminho contínuo a ser feito pelos arcos e nós entre Tupã e São Paulo, sujeito ao equilíbrio dos nós da maneira apresentada pela formulação matemática do problema a seguir. A Figura 4.8 mostra o resultado da simulação do Solver. O caminho mínimo passa por Tupã-Marília-Avaré-Sorocaba-São Paulo, totalizando 592 km, conforme representado na Figura 4.9.

$$\min Z = 77x_{12} + 102x_{13} + 380x_{24} + 208x_{25} + 374x_{34} + 189x_{35} + 204x_{45} + 70x_{46} + 105x_{47}$$
$$+ 255x_{56} + 205x_{57} + 85x_{67} + 95x_{68} + 102x_{78}$$

Sujeito às seguintes restrições:

$$-x_{12} - x_{13} = -1 \text{ (nó 1)}$$

$$x_{12} - x_{24} - x_{25} = 0 \text{ (nó 2)}$$

$$x_{13} - x_{34} - x_{35} = 0 \text{ (nó 3)}$$

$$x_{24} + x_{34} - x_{45} - x_{46} - x_{47} = 0 \text{ (nó 4)}$$

$$x_{25} + x_{35} + x_{45} - x_{56} - x_{57} = 0 \text{ (nó 5)}$$

$$x_{46} + x_{56} - x_{67} - x_{68} = 0 \text{ (nó 6)}$$

$$x_{47} + x_{57} + x_{67} - x_{78} = 0 \text{ (nó 7)}$$

$$x_{68} + x_{78} = 1 \text{ (nó 8)}$$

$$e \ x_{ij} \varepsilon \ \{0,1\}$$

Em que:

i = origem e j = destino;

x_{ij} = arco de origem i e destino j que pertence à solução.

De	Para	De	Para	km	Unidades	Nó	Fluxo líquido	Oferta/demanda
1	2	Tupã	Marília	77	1	1	-1	-1
1	3	Tupã	Assis	102	0	2	0	0
2	4	Marília	Piracicaba	380	0	3	0	0
2	5	Marília	Avaré	208	1	4	0	0
3	4	Assis	Piracicaba	374	0	5	0	0
3	5	Assis	Avaré	189	0	6	0	0
4	5	Piracicaba	Avaré	204	0	7	0	0
4	6	Piracicaba	Campinas	70	0	8	1	1
4	7	Piracicaba	Sorocaba	105	0			
5	6	Avaré	Campinas	255	0	F. Objetivo		592
5	7	Avaré	Sorocaba	205	1			
6	7	Campinas	Sorocaba	85	0			
6	8	Campinas	São Paulo	95	0			
7	8	Sorocaba	São Paulo	102	1			

Figura 4.8　Planilha de simulação com os resultados do problema do caminho mínimo.

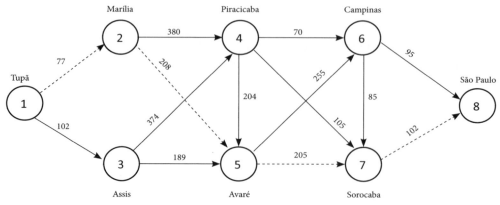

Figura 4.9 Caminho mínimo entre Tupã e São Paulo.

É claro que um problema pequeno como o analisado poderia ser resolvido manualmente após algumas tentativas. No entanto, como já dito, o mais importante é o método de resolução, que pode ser aplicado a diversas situações de interesse. Para problemas mais complexos, as restrições descritas ainda seriam insuficientes, pois somente elas não garantiriam uma sequência contínua de arcos.

O problema do fluxo máximo

A versão de maximização do problema do caminho mínimo é conhecida como problema de fluxo máximo. Ele apresenta o mesmo desenvolvimento de equilíbrio para os nós intermediários, ou seja, o fluxo líquido (saídas menos entradas) é igual a zero. A diferença está no tratamento dos nós extremos (origem e fim). A conservação do fluxo impõe que o máximo que pode chegar aos nós finais está restrito ao que os nós de origem podem oferecer. Isso pode ser resolvido adicionando-se arcos fictícios entre esses nós com capacidade ilimitada (muito grande) de fluxo, já que eles serão a função objetivo de maximização. O exemplo da Figura 4.10 a seguir ilustra o procedimento.

O nó 1 (origem) tem condições de oferecer até 70 unidades do produto (metros cúbicos de gás, quilômetros/hora de energia, litros de combustível). O arco fictício 6-1 liga os nós extremos condicionando o fluxo de chegada até o nó 6 (fim). O modelo matemático é expresso a seguir.

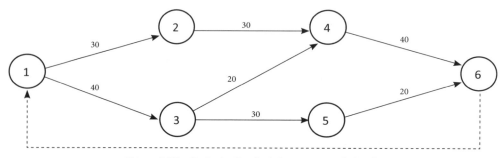

Figura 4.10 Rede de distribuição entre os nós 1 e 6.

máx $Z = x_{61}$

Sujeito às seguintes restrições:

$-x_{12} - x_{13} + x_{61} = 0$ (nó 1)

$x_{12} - x_{24} = 0$ (nó 2)

$x_{13} - x_{34} - x_{35} = 0$ (nó 3)

$x_{24} + x_{34} - x_{46} = 0$ (nó 4)

$x_{35} - x_{56} = 0$ (nó 5)

$x_{46} + x_{56} - x_{61} = 0$ (nó 6)

$x_{12} \leq 30; x_{13} \leq 40; x_{24} \leq 30$ (capacidade de cada linha de distribuição)

$x_{34} \leq 20; x_{35} \leq 30; x_{46} \leq 40; x_{56} \leq 20$ (capacidade de cada linha de distribuição)

$x_{ij} \geq 0$

Em que:

i = origem e j = destino;

x_{ij} = arco de origem i e destino j.

O resultado da simulação para o caso analisado é:

$Z = 60; x_{12} = 30; x_{13} = 30; x_{24} = 30; x_{34} = 10; x_{35} = 20; x_{46} = 40; x_{56} = 20$.

4.3 APLICAÇÕES EM ENGENHARIA DE PRODUÇÃO

4.3.1 GESTÃO DE ESTOQUES[1]

Uma empresa multinacional líder no segmento de pneumáticos *premium* com elevado conteúdo tecnológico possui 19 unidades industriais em todo o mundo, em 4 continentes, e opera em mais de 160 países. No Brasil, são 4 fábricas que produzem pneus para automóveis, camionetas, motos, *scooters*, bicicletas, caminhões, ônibus, tratores, máquinas agrícolas e veículos pesados voltados para a construção civil e uso industrial.

Para todas as linhas de pneus, uma das mais importantes etapas do processo produtivo corresponde à vulcanização, realizada nos estágios finais do processo, e que provoca mudanças significativas nas propriedades mecânicas da borracha por meio da formação de um retículo de ligações cruzadas entre as moléculas da borracha. Com a descoberta dos aceleradores orgânicos em 1906, o tempo de vulcanização foi reduzido e a borracha vulcanizada passou a ter uma maior importância industrial.

Desse modo, os agentes acelerantes são considerados uma matéria-prima crítica e fundamental à fabricação dos pneus. Dada a importância desse produto, sua gestão de compras é relevante para a indústria de pneumáticos.

---

[1] Esta seção foi baseada em Antonio, Castro e Abensur (2016).

O estudo apresentado nesta seção mostra o desenvolvimento de um modelo matemático para suporte às decisões de compras fundamentadas na técnica de programação linear inteira (PLI). Obteve-se uma solução otimizada para a decisão de compras de um agente acelerante como matéria-prima no processo produtivo de pneus, buscando os menores custos relacionados à gestão de compras e estoques do produto em estudo. Por fim, fez-se a comparação entre os custos de gestão de compras e estoques gerados pelo modelo proposto e os custos apresentados no histórico da empresa, a fim de analisar os ganhos financeiros que a aplicação do modelo proporcionou.

O atual estoque de segurança deste produto é de 15 toneladas, quantidade suficiente para atender à demanda de um mês, caso ocorra algum imprevisto. A limitação máxima do estoque, em razão do espaço físico, é de 35 toneladas.

Considerando que o produto em questão é importado por via marítima da Dinamarca, a compra é realizada com três meses de antecedência, a fim de garantir que o produto chegue à fábrica no momento certo. Além disso, um fato importante a ser considerado é que esse é o único fornecedor homologado para essa matéria-prima.

Para importar produtos por via marítima, é necessária a locação de contêineres. Há três tamanhos de contêineres: 20 pés, 40 pés e 40 pés HC (*high cube*), conforme mostrado na Figura 4.11 a seguir.

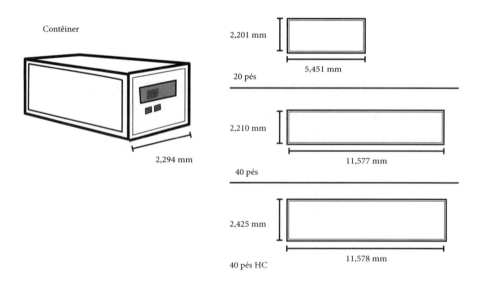

Figura 4.11 Dimensões dos contêineres de 20 pés, 40 pés e 40 pés HC. Fonte: adaptada de Euromed (2013).

O modelo de PLI mostrado a seguir foi desenvolvido após identificação e quantificação dos principais itens de custeio envolvidos no processo.

$$\text{mín } Z = \sum_{i=1}^{3} \sum_{j=1}^{12} [(x_{ij}Cc_i) + (x_{ij}Cap_iC_{Mp}) + (E_j + x_{ij}Cap_i - D_j)Ca + ((E_j + x_{ij}Cap_i - D_j)C_{Mp})TMA] \text{ (custo total) (1)}$$

Programação linear inteira

s.a.

$$35 \geq E_j + x_{ij}Cap_i - D_j \geq 15t \quad (estocagem)\ (2)$$

$$\sum_{i=1}^{3} x_{ij} \leq 1 \qquad\qquad (contêineres\ por\ mês)\ (3)$$

$$x_{ij} \in N$$

Em que:

x_{ij} = quantidade de contêineres do tipo i comprados no mês j

Ca = custo unitário de armazenagem

C_{Mp} = custo de matéria-prima

Cap_i = capacidade de contêiner do tipo i

Cc_i = custo de contêiner do tipo i

E_j = estoque inicial do mês j

D_j = demanda do mês j

TMA = taxa mínima de atratividade

A Tabela 4.2 a seguir compara os resultados obtidos pelo modelo de PLI com a atual gestão de estoques da empresa. Apesar de trabalhar com um nível de estoque mais elevado que o modelo atual da empresa e empregar uma opção de contêiner que não era utilizada na compra desse agente acelerante, a quantidade de matéria-prima adquirida durante o período analisado corresponde a 120 toneladas em ambos os modelos, ou seja, alterou-se apenas o tamanho de cada lote comprado e a frequência em que tais compras foram realizadas.

Mesmo com os custos de armazenagem e capital de giro mais elevados, no modelo proposto os custos de compra foram inferiores (diferença de R$ 11.873,72), resultando numa redução dos custos totais.

Tabela 4.2 Resumo comparativo entre os modelos apresentados

	Modelo atual da empresa (a)	Modelo PLI (b)	(a – b)
Estoque inicial (período em análise)	31,6 t	31,6 t	0
Estoque final (período em análise)	15,6 t	15,6 t	0
Custo de compra	R$ 836.733,56	R$ 824.859,84	R$ 11.873,72
Custo de armazenagem	R$ 14.063,80	R$ 14.771,51	-R$ 707,71
Custo total	R$ 850.797,36	R$ 839.631,35	R$ 11.166,01

4.3.2 ROTEIRIZAÇÃO DE ASSISTÊNCIA TÉCNICA

Uma empresa de assistência técnica localizada na cidade de São Paulo realiza visitas de manutenção corretiva de caixas eletrônicos de bancos mediante abertura de chamados técnicos feitos pelas agências.

No chamado aberto, uma indicação do tipo de defeito orienta a requisição de peças no almoxarifado. Após a inclusão dos chamados, os técnicos recebem uma programação de visitas que envolvem o deslocamento até os locais dos equipamentos.

O passeio dos técnicos inicia-se na central (almoxarifado) com a coleta das peças necessárias para a manutenção, passa pelas agências com chamados abertos na área coberta pelo técnico e termina com retorno à central para atualização do estoque.

A Tabela 4.3 a seguir apresenta as distâncias entre os 7 locais (almoxarifado mais 6 agências) participantes da rotina de assistência técnica de um determinado dia. Os principais itens de custeio são diretamente proporcionais à distância percorrida pelos técnicos. Portanto, a função objetivo do modelo de PLI desenvolvido é a redução do custo traduzido em termos da distância percorrida.

Tabela 4.3 Matriz de distâncias (em km)

	1	2	3	4	5	6	7
1	0	2,39	5,17	6,78	2,39	3,42	2,25
2	2,39	0	3,42	6,93	2,54	2,54	2,54
3	5,17	3,42	0	6,78	5,47	2,69	4,30
4	6,78	6,93	6,78	0	3,71	6,93	6,78
5	2,39	2,54	5,47	3,71	0	4,59	3,86
6	3,42	2,54	2,69	6,93	4,59	0	2,25
7	2,25	2,54	4,30	6,78	3,86	2,25	0

Este é um típico exemplo de aplicação do modelo do caminho mínimo, mas com algumas sofisticações. As características do problema mostram que o técnico começa e termina seu passeio na central ou almoxarifado. A partir de uma agência, o técnico pode se deslocar para qualquer outra, mas nunca voltar para o local anteriormente atendido. Outro importante aspecto é que todas as agências indicadas devem ser visitadas, mesmo que a visita não resulte na efetiva solução do problema.

Programação linear inteira

Em problemas dessa natureza, somente a restrição de equilíbrio dos nós (1 arco entra, 1 arco sai) é insuficiente. Para garantir a continuidade do passeio, é necessário adicionar restrições que evitem o refluxo (voltar pelo mesmo arco) e a formação de circuitos contínuos, mas fechados e ilegais (por exemplo, visitar 3 agências e voltar para o almoxarifado). A Figura 4.12 mostra as propriedades necessárias para a garantia de um passeio contínuo.

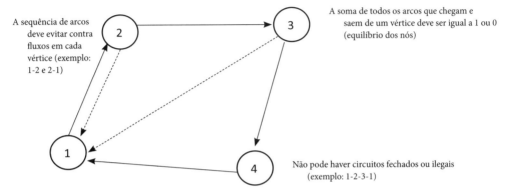

Figura 4.12 Propriedades de um passeio contínuo. Fonte: Goldbarg e Luna (2005).

O modelo matemático com todas as propriedades necessárias é mostrado a seguir.

$$\min Z = \sum_{i=1}^{N} \sum_{j=1}^{N} c_{ij} x_{ij}$$ Minimizar o custo ou a distância total percorrida

Sujeito a:

$$\sum_{j=1}^{N} x_{ij} - \sum_{j=1}^{N} x_{ij} = 0 \quad i = 1, ..., n$$ Restrição do equilíbrio dos nós

$$x_{ij} + x_{ji} \leq 1 \quad \forall (i,j)$$ Restrição de refluxo

$$\sum_{k=1}^{N} y_k = N - 1$$ Restrição de vértices visitados

$$\sum_{i,j \in S} x_{ji} \leq |S| - 1 \quad \forall S \subset C$$ Restrição de circuito ilegal para n-1 vértices

$$x_{ji} \in \{1\}$$ Restrição valor inteiro e binário

Um fragmento da planilha de simulação com a resolução encontrada pelo Solver é mostrado na Figura 4.13 e aponta o caminho mínimo 1-2-5-4-3-6-7-1, totalizando 22,61 quilômetros.

Origem	Destino	Recurso	Distâncias ajustadas	Variável	Descrição	Variáveis	Descrição		Vértice	Equação	Valor
1	2	Tec 1	2,39	X121	arco 1-2 percorrido pelo tec 1	1,0	Arcos que chegam ao vértice pelo	Tec 1	1	1	1
1	3	Tec 1	5,17	X131		0,0	Arcos que saem do vértice pelo	Tec 1	1	1	1
1	4	Tec 1	6,78	X141		0,0	Arcos que chegam ao vértice pelo	Tec 1	2	1	1
1	5	Tec 1	2,39	X151		0,0	Arcos que saem do vértice pelo	Tec 1	2	1	1
1	6	Tec 1	3,42	X161		0,0	Arcos que chegam ao vértice pelo	Tec 1	3	1	1
1	7	Tec 1	2,25	X171		0,0	Arcos que saem do vértice pelo	Tec 1	3	1	1
2	1	Tec 1	2,39	X211		0,0	Arcos que chegam ao vértice pelo	Tec 1	4	1	1
2	3	Tec 1	3,42	X231		0,0	Arcos que saem do vértice pelo	Tec 1	4	1	1
2	4	Tec 1	6,93	X241		0,0	Arcos que chegam ao vértice pelo	Tec 1	5	1	1
2	5	Tec 1	2,54	X251		1,0	Arcos que saem do vértice pelo	Tec 1	5	1	1
2	6	Tec 1	2,54	X261		0,0	Arcos que chegam ao vértice pelo	Tec 1	6	1	1
2	7	Tec 1	2,54	X271		0,0	Arcos que saem do vértice pelo	Tec 1	6	1	1
3	1	Tec 1	5,17	X311		0,0	Arcos que chegam ao vértice pelo	Tec 1	7	1	1
3	2	Tec 1	3,42	X321		0,0	Arcos que saem do vértice pelo	Tec 1	7	1	1
3	4	Tec 1	6,78	X341		0,0	Número máximo de visitas tec 1			6	6
3	5	Tec 1	5,47	X351		0,0	Circuito legal 2 vértices tec 1			1	1
3	6	Tec 1	2,69	X361		1,0	Circuito legal 2 vértices tec 1			0	1
3	7	Tec 1	4,30	X371		0,0	Circuito legal 2 vértices tec 1			0	1
4	1	Tec 1	6,78	X411		0,0	Circuito legal 2 vértices tec 1			0	1
4	2	Tec 1	6,93	X421		0,0	Circuito legal 2 vértices tec 1			0	1
4	3	Tec 1	6,78	X431		1,0	Circuito legal 2 vértices tec 1			1	1
4	5	Tec 1	3,71	X451		0,0	Circuito legal 2 vértices tec 1			0	1
4	6	Tec 1	6,93	X461		0,0	Circuito legal 2 vértices tec 1			0	1
4	7	Tec 1	6,78	X471		0,0	Circuito legal 2 vértices tec 1			1	1
5	1	Tec 1	2,39	X511		0,0	Circuito legal 2 vértices tec 1			0	1
5	2	Tec 1	2,54	X521		0,0	Circuito legal 2 vértices tec 1			0	1
5	3	Tec 1	5,47	X531		0,0	Circuito legal 2 vértices tec 1			1	1
5	4	Tec 1	3,71	X541		1,0	Circuito legal 2 vértices tec 1			0	1
5	6	Tec 1	4,59	X561		0,0	Circuito legal 2 vértices tec 1			1	1
5	7	Tec 1	3,86	X571		0,0	Circuito legal 2 vértices tec 1			0	1
6	1	Tec 1	3,42	X611		0,0	Circuito legal 2 vértices tec 1			1	1
6	2	Tec 1	2,54	X621		0,0	Circuito legal 2 vértices tec 1			0	1
6	3	Tec 1	2,69	X631		0,0	Circuito legal 2 vértices tec 1			0	1
6	4	Tec 1	6,93	X641		0,0	Circuito legal 2 vértices tec 1			0	1
6	5	Tec 1	4,59	X651		0,0	Circuito legal 2 vértices tec 1			0	1
6	7	Tec 1	2,25	X671		1,0	Circuito legal 2 vértices tec 1			1	1
7	1	Tec 1	2,25	X711		1,0	Circuito legal 3 vértices tec 1			1	2
7	2	Tec 1	2,54	X721		0,0	Circuito legal 3 vértices tec 1			0	2
7	3	Tec 1	4,30	X731		0,0	Circuito legal 3 vértices tec 1			0	2
7	4	Tec 1	6,78	X741		0,0	Circuito legal 3 vértices tec 1			0	2
7	5	Tec 1	3,86	X751		0,0	Circuito legal 3 vértices tec 1			2	2
7	6	Tec 1	2,25	X761		0,0	Circuito legal 3 vértices tec 1			1	2
				Y21	vértice 2 visitado pela tec 1	1	Circuito legal 3 vértices tec 1			1	2
				Y31	vértice 3 visitado pela tec 1	1	Circuito legal 3 vértices tec 1			2	2
				Y41	vértice 4 visitado pela tec 1	1	Circuito legal 3 vértices tec 1			2	2
				Y51	vértice 5 visitado pela tec 1	1	Circuito legal 3 vértices tec 1			1	2
				Y61	vértice 6 visitado pela tec 1	1	Circuito legal 3 vértices tec 1			0	2
				Y71	vértice 7 visitado pela tec 1	1	Circuito legal 3 vértices tec 1			0	2
							Circuito legal 3 vértices tec 1			0	2
							Circuito legal 3 vértices tec 1			0	2
							Circuito legal 3 vértices tec 1			1	2
							Circuito legal 3 vértices tec 1			1	2
							Circuito legal 4 vértices tec 1			1	3
							Circuito legal 4 vértices tec 1			0	3
							Circuito legal 4 vértices tec 1			0	3
							Circuito legal 4 vértices tec 1			2	3
							Circuito legal 4 vértices tec 1			0	3
							Circuito legal 4 vértices tec 1			0	3
							Circuito legal 4 vértices tec 1			2	3
							Circuito legal 4 vértices tec 1			0	3
							Circuito legal 4 vértices tec 1			1	3
							Circuito legal 4 vértices tec 1			1	3
							Circuito legal 5 vértices tec 1			0	4
							Circuito legal 5 vértices tec 1			1	4
							Circuito legal 5 vértices tec 1			1	4
							Distância percorrida corrigida	22,61			

Figura 4.13   Planilha de simulação com os resultados da roteirização.

4.3.3 LOCALIZAÇÃO DE INSTALAÇÕES

Os problemas de recobrimento são problemas de programação linear inteira que se enquadram na classe dos mais difíceis de otimização combinatória existentes (GOLDBARG; LUNA, 2005). Os modelos de recobrimento, ou *location set covering problem* (LSCP), buscam localizar o menor número possível de instalações necessárias para cobrir todos os pontos de demanda dentro de uma distância ou unidade de tempo definida (REVELLE; HOGAN, 1989). Esses problemas podem ser divididos em duas categorias: (i) problemas de recobrimento determinístico (*deterministic set covering problem*); e (ii) problemas de recobrimento estocástico (*probabilistic set covering problem*). A Figura 4.14 mostra um exemplo da lógica básica que envolve os modelos de localização com os usuários 1, 2, 3 e 4 a uma distância crítica d de atendimento da instalação de prestação de serviços.

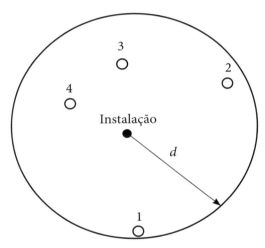

Figura 4.14 Lógica do modelo de localização.

O modelo clássico que determina a quantidade mínima necessária de instalações e, consequentemente, minimiza os custos totais para os problemas de recobrimento determinístico é dado por (GOLDBARG; LUNA, 2005):

$$\min Z = \sum_{j=1}^{N} x_j \quad \text{minimiza o número de instalações}$$

Sujeito a:

$$\sum_{j=1}^{N} a_{ij} x_j \geq 1 \quad i = 1, ..., n \text{ demanda atendida por pelo menos uma instalação;}$$

$x_j \in \{0,1\} \quad \forall j \quad$ restrição de variável binária.

Em que:

a_{ij} = escalar que será igual a 1 se a distância $d_{ij} \leq r_{ij}$ e 0, caso contrário;

x_j = variável binária que será 1 se o ponto j receber uma instalação e 0, caso contrário;

n = número de candidatas à instalação.

Um modelo típico dos problemas de recobrimento estocástico é o de localização de máxima disponibilidade (PLMD) de ReVelle e Hogan (1989). Ele é equivalente ao de localização de máxima cobertura com a introdução da probabilidade. Ou seja, o modelo acha uma solução na qual exista um prestador dentro da área crítica com uma probabilidade de estar ocioso. A expressão matemática do PLMD é a seguinte:

$$\min Z = \sum_{j \in J} x_j$$

Sujeito a:

$$\sum_{j \in J} x_j \geq b_i$$

$$b_i = \frac{\log (1-\alpha)}{\log F - \log \left(\sum_{j \in J} x_j \right)} \qquad i \in I \quad j \in J$$

$$x_j \in \{0,1\}$$

Em que:

x_j = variável que assume o valor 1 se o local for selecionado e 0 caso contrário;

j = área de procura;

J = conjunto das áreas de procura;

I = locais onde as instalações são localizadas;

F = taxa de ocupação do sistema;

α = probabilidade de um ou mais servidores estarem disponíveis.

Localização de pontos de assistência residencial[2]

Na área de seguro residencial, em linhas gerais, há dois tipos de atendimento: (i) o atendimento para sinistro, caracterizado por danos não previstos (incêndio, queda de raio, explosão); e (ii) as assistências residenciais, que consistem em pequenos problemas que ocorrem na residência, como fechadura quebrada, vazamentos, problemas elétricos e outros.

Dentre os tipos de assistências, alguns são chamados de emergenciais. Essas assistências têm um acordo de nível de serviço cuja denominação em inglês é *service level agreement* (SLA), na visão tempo, de duas horas. Isso significa que todo serviço de assistência (emergencial) deve ser resolvido em no máximo duas horas, contadas a partir da hora de solicitação.

O estudo apresentado nesta seção teve como propósito o desenvolvimento de uma ferramenta computacional para suporte à decisão do número ótimo de prestadores de assistência residencial para uma área da região norte da cidade de São Paulo. A ideia

---

[2] Este exercício foi baseado em Ruggieri (2014).

Programação linear inteira

foi desenvolver um modelo matemático para otimizar o atendimento dos serviços de assistência da empresa e, assim, cumprir o SLA em todos, ou na grande maioria, dos casos emergenciais.

O modelo proposto apresenta aspectos comuns aos modelos de cobertura determinística e estocástica apresentados. A probabilidade de abertura de chamados foi obtida por meio de levantamento de dados históricos de 3 anos da empresa e definida como de 5% ao mês. A taxa média de ocupação dos prestadores foi estimada em 25% para a região analisada. Considerou-se uma distância crítica de 3.000 metros. O modelo minimiza o número de instalações e a distância percorrida pelos clientes até elas, mas respeita, simultaneamente, uma probabilidade mínima de disponibilidade esperada dos prestadores (ou das instalações) e de haver ao menos uma instalação dentro da distância crítica estabelecida. O modelo desenvolvido foi o seguinte:

$$\text{mín } Z = \sum_{i=1}^{I} \sum_{j=1}^{J} x_j d_{ij}$$

Sujeito a:

$$\sum_{j=1}^{n} a_{ij} \geq 1$$

$$\sum_{j \in J} x_j \geq b_i$$

$$b_i = \sum_{j=1}^{n} \geq \frac{\log(1-\alpha)}{\log q} \qquad i \in I \quad j \in J$$

$$x_j \in \{0,1\}$$

Em que:

x_j = variável que assume o valor 1 se o local for selecionado e 0 caso contrário;

α = confiabilidade exigida;

q = probabilidade de ao menos uma instalação estar ocupada (25% para o problema analisado);

d_{ij} = distância do segurado i à instalação j (3.000 metros para o problema analisado).

A Tabela 4.4 a seguir apresenta um fragmento da tabela do modelo estocástico. As colunas A, B, C, D e E representam cada prestador de serviço e as localidades que eles atendem dentro da distância crítica, em que 1 indica que está apto a realizar o atendimento e 0 não. Por fim, os itens x_A, x_B, x_C, x_D e x_E são o resultado apresentado pelo modelo, em que 1 indica qual prestador será necessário para essa composição de chamados e 0 os não necessários. A função objetivo mostra a distância total a ser percorrida pela seleção de instalações feitas.

A Tabela 4.5 a seguir mostra uma comparação entre os resultados dos modelos testados. O modelo de cobertura determinística apresentou o menor número de instalações, mas sem considerar a disponibilidade das instalações (prestadores). O modelo estocástico com $\alpha = 0,95$ exigiu a presença de três instalações. O modelo atualmente praticado pela empresa é o que incorre em um maior número de instalações e em maiores custos.

Tabela 4.4 Resultados do modelo proposto

	x_A	x_B	x_C	x_D	x_E	F. Objetivo
	1	0	1	1	0	896.017

Segurado	Prestadores					Total
	A	B	C	D	E	
1	2.750	2.800	2.400	2.700	3.400	7.850
2	2.900	4.500	4.100	2.600	2.600	9.600
3	4.600	2.900	140	4.700	4.500	9.440
4	3.500	3.400	2.500	3.300	3.600	9.300
5	3.400	2.300	1.900	3.400	4.100	8.700
6	2.250	3.800	3.400	2.500	2.600	8.150
7	2.350	3.300	2.900	2.400	3.000	7.650
8	3.100	3.400	2.100	3.300	3.000	8.500
9	3.100	3.400	2.100	3.300	2.900	8.500
10	2.500	3.200	2.700	2.500	3.200	7.700
11	2.700	3.900	3.500	3.000	2.500	9.200
12	2.650	3.800	3.400	2.900	2.600	8.950
13	2.750	3.900	3.500	3.000	2.500	9.250
14	2.600	3.800	3.300	2.900	2.600	8.800
15	2.650	3.800	3.400	2.900	2.600	8.950
16	2.750	4.000	2.500	3.000	2.400	8.250
17	2.750	4.000	2.500	3.000	2.400	8.250
18	2.650	4.100	2.700	2.900	2.300	8.250
19	2.750	4.000	2.500	3.000	2.400	8.250
20	2.750	4.000	2.500	3.000	2.400	8.250
21	2.600	4.200	2.700	2.800	2.200	8.100
22	2.650	4.100	2.700	2.900	2.300	8.250
23	2.700	3.900	3.400	3.000	2.500	9.100
24	2.600	4.000	3.300	2.900	2.600	8.800
25	3.200	2.700	2.300	3.100	3.700	8.600

Programação linear inteira 87

Tabela 4.5 Comparação entre os modelos

	Atual	Determinístico	Estocástico ($\alpha = 0{,}90$)	Estocástico ($\alpha = 0{,}95$)
# locais	5	2	2	3
Localização	$x_A = 1; x_B = 1; x_C = 1;$ $x_D = 1; x_E = 1$	$x_A = 1; x_C = 1$	$x_A = 1; x_C = 1$	$x_A = 1; x_C = 1; x_D = 1$
F. Objetivo (m)	1.568.717	575.817	575.817	896.017

4.3.4 PROGRAMAÇÃO DE CORTE DE BOBINAS

Uma metalúrgica situada na região de Barueri, no estado de São Paulo, tem como seus principais produtos rolos de aço, defensas metálicas, fios e alojamentos. A matéria-prima são as bobinas de aço compradas de grandes siderúrgicas (Usiminas, CSN, Gerdau). As bobinas são posicionadas na máquina de corte e cortadas de forma unidirecional, de acordo com uma programação de corte feita pelo departamento de planejamento e controle da produção (PCP), respeitando-se as larguras demandadas pelo mercado. As Figuras 4.15 e 4.16 a seguir mostram, respectivamente, bobinas de aço e a representação da forma de corte.

O departamento de PCP estuda uma forma mais científica de programação para reduzir o acúmulo de sucata das bobinas durante o corte. Como exemplo, tem-se 4 larguras de bobinas (1,2 m; 1,25 m; 1,28 m; 1,3 m) que devem ser programadas para corte visando atender a uma demanda diária com as seguintes características de larguras de rolos: 0,15 m; 0,25 m; 0,30 m; 0,35 m; e 0,40 m.

No período analisado, a demanda de rolos de 0,15 m; 0,25 m; 0,30 m; 0,35 m; e 0,40 m foi de respectivamente: 2, 2, 5, 2 e 2.

O propósito deste estudo foi formular um modelo de PO que otimizasse o corte das bobinas com redução da sucata e atendimento da demanda. A formulação matemática desenvolvida é apresentada a seguir. Nota-se que há a presença de duas variáveis de decisão (sucata, rolo), e a sucata é a sobra após o corte dos rolos programados.

Figura 4.15 Bobinas de aço.

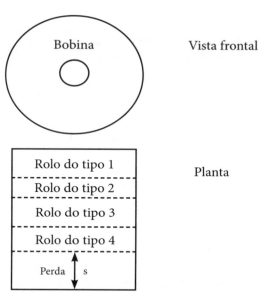

Figura 4.16 Representação do corte da bobina.

mín $Z = s_1 + s_2 + s_3 + s_4$

Sujeito às seguintes restrições:

$0{,}15x_{11} + 0{,}25x_{21} + 0{,}30x_{31} + 0{,}35x_{41} + 0{,}40x_{51} + s_1$ = 1,2 (largura da bobina 1)

$0{,}15x_{12} + 0{,}25x_{22} + 0{,}30x_{32} + 0{,}35x_{42} + 0{,}40x_{52} + s_2$ = 1,25 (largura da bobina 2)

$0{,}15x_{13} + 0{,}25x_{23} + 0{,}30x_{33} + 0{,}35x_{43} + 0{,}40x_{53} + s_3$ = 1,28 (largura da bobina 3)

$0{,}15x_{14} + 0{,}25x_{24} + 0{,}30x_{34} + 0{,}35x_{44} + 0{,}40x_{54} + s_4$ = 1,25 (largura da bobina 4)

$x_{11} + x_{12} + x_{13} + x_{14}$ ≥ 2 (demanda do rolo 1)

$x_{21} + x_{22} + x_{23} + x_{24}$ ≥ 2 (demanda do rolo 2)

$x_{31} + x_{32} + x_{33} + x_{34}$ ≥ 5 (demanda do rolo 3)

$x_{41} + x_{42} + x_{43} + x_{44}$ ≥ 2 (demanda do rolo 4)

$x_{51} + x_{52} + x_{53} + x_{54}$ ≥ 2 (demanda do rolo 5)

com $x_{ij} \geq 0$ e inteiro

Em que:

i = rolo e j = bobina;

x_{ij} = quantidade do rolo do tipo i cortado na bobina j;

s_j = sucata na bobina j.

Para este caso, a solução encontrada foi:

- 2 rolos do tipo 1 na bobina 1;

- 3 rolos do tipo 3 na bobina 1;

- 6 rolos do tipo 1 na bobina 2;

- 1 rolo do tipo 4 na bobina 2;

- 1 rolo do tipo 1 na bobina 3;

- 2 rolos do tipo 2 na bobina 3;

- 2 rolos do tipo 3 na bobina 3;

- 1 rolo do tipo 1 na bobina 4;

- 1 rolo do tipo 4 na bobina 4;

- 2 rolos do tipo 5 na bobina 4;

- sucata igual a 0,03 na bobina 3.

EXERCÍCIOS

1. Desenvolva a árvore de decisão do algoritmo B&B e ache a solução ótima para cada um dos problemas abaixo. Selecione a variável x_1 para início da ramificação.

a) máx $Z = 3x_1 + 5x_2$

Sujeito a:

$3x_1 + 2x_2 \leq 18$

$x_1 \leq 4$

$2x_2 \leq 11,95$

$x_1, x_2 \geq 0$ e inteiros

b) máx $Z = 5x_1 + 8x_2$

Sujeito a:

$x_1 + x_2 \leq 6$

$5x_1 + 9x_2 \leq 45$

$x_1, x_2 \geq 0$ e inteiros

c) mín $Z = 9x_1 + 9x_2$

Sujeito a:

$2x_1 + 4x_2 \geq 3$

$5x_1 + 2x_2 \geq 2$

$x_1, x_2 \geq 0$ e inteiros

d) mín $Z = 16x_1 + 27x_2$

Sujeito a:

$2x_1 + 6x_2 \geq 1$

$5x_1 + 5x_2 \geq 1$

$x_1, x_2 \geq 0$ e inteiros

2. Uma metalúrgica estuda uma forma de reduzir o acúmulo de sucata das bobinas durante o corte. Como exemplo, tem-se 3 larguras de bobinas (1,20 m; 1,25 m; 1,30 m) que devem ser programadas para corte visando atender a uma demanda diária com as seguintes características de larguras de rolos: 0,15 m; 0,25 m; 0,30 m; 0,35 m; e 0,40 m. No período analisado, a demanda de rolos de 0,15 m; 0,25 m; 0,30 m; 0,35 m; e 0,40 m foi de, respectivamente, 2, 2, 5, 2 e 2. Deseja-se aproveitar completamente as bobinas. Conforme o enunciado, descubra qual a programação ótima da produção.

3. Encontre a solução ótima inteira para o problema da Seção 3.8.2.

4. Uma empresa fabricante de sapatos previu as seguintes demandas, em unidades, para os próximos 6 meses: mês 1, 200; mês 2, 260; mês 3, 240; mês 4, 340; mês 5, 190; mês 6, 150. O custo de produção de um par de sapatos no turno de trabalho regular é de R\$ 7 e fora do turno regular é de R\$ 11. Em cada mês, a capacidade de produção, trabalhando apenas no turno regular, é de 200 pares de sapato, e trabalhando fora do turno regular, a empresa consegue fabricar mais 100 pares de sapato. Sabendo que o custo mensal para estocar um par de sapatos é de R\$ 1 e a capacidade mensal máxima de armazenamento é de 200 pares, determine o programa de produção que minimiza o custo total de produção, atendendo à demanda dos 6 meses.

5. Uma empresa de assistência técnica realiza visitas de manutenção corretiva de equipamentos mediante abertura de chamados técnicos feitos pelos clientes. Após a inclusão dos chamados, os técnicos recebem uma programação de visitas que envolvem o deslocamento até os locais dos equipamentos.

Uma determinada área é composta de uma base (1) e mais 4 pontos de atendimento (2 a 5). Um técnico faz a cobertura dessa área. Usando-se o modelo de roteamento (PLI), determine o passeio ótimo do técnico que inicia e termina na base (1). Todos os pontos devem ser atendidos. As distâncias em linha reta entre os pontos de aten-

Programação linear inteira

dimento são mostradas na tabela a seguir. Além disso, há um ajuste da distância em linha reta para a distância real dada pela seguinte fórmula:

Distância real = (distância em linha reta × 1,4637) + 0,4895

	1	2	3	4	5
1	0	1,3	3,2	4,3	1,3
2		0	2	4,4	1,4
3			0	4,3	3,4
4				0	2,2
5					0

Nota: distâncias em km.

6. A mesma empresa de assistência técnica possui uma área composta por 1 base (1) e 6 pontos de atendimento coberta (2 a 7) por 2 técnicos. Usando o modelo de roteamento (PLI), determine o passeio ótimo dos técnicos que inicia e termina na base (1), fazendo com que cada técnico atenda o mesmo número de pontos. Todos os pontos devem ser atendidos. As distâncias em linha reta entre os pontos de atendimento são mostradas na tabela a seguir. Além disso, há um ajuste da distância em linha reta para a distância real dada pela seguinte fórmula:

Distância real = (distância em linha reta × 1,4637) + 0,4895

	1	2	3	4	5	6	7
1	0	1,3	3,2	4,3	1,3	2	1,2
2		0	2	4,4	1,4	1,4	1,4
3			0	4,3	3,4	1,5	2,6
4				0	2,2	4,4	4,3
5					0	2,8	2,3
6						0	1,2
7							0

Nota: distâncias em km.

7. Uma empresa de elevadores pretende desenvolver um algoritmo de otimização para atendimento dos usuários com base no menor deslocamento possível do elevador em função dos chamados coletados dentro de um determinado intervalo de tempo. Conforme a lógica escolhida, a viagem inicia-se no andar de localização

atual do elevador e termina sempre no térreo. Para tanto, ela selecionou para testes um condomínio empresarial de alta movimentação localizado no bairro do Paraíso, na cidade de São Paulo.

Em um determinado momento do dia, o elevador encontra-se parado no 13º piso e recebe chamados em sequência dos seguintes andares: 7º, 3º, 27º e 22º. Desenvolva um modelo de PLI e encontre a solução ótima para a situação analisada. Compare o resultado obtido por meio da PLI com a solução encontrada caso o elevador fosse equipado com um algoritmo que atendesse aos chamados na ordem de chegada destes.

8. (Baseado em Taha, 2008) Três refinarias (1, 2, 3) enviam um produto à base de gasolina a dois terminais de distribuição (7, 8) por meio de uma rede de tubulações. Qualquer demanda que não puder ser satisfeita pela rede é adquirida de outras fontes. A rede de tubulações é atendida por três estações de bombeamento (4, 5, 6), como apresentado na figura a seguir. O produto flui pela rede na direção mostrada pelas setas. A capacidade de cada ramo é dada em milhões de barris por dia. Determine o fluxo máximo diário de combustível que pode ser enviado aos terminais.

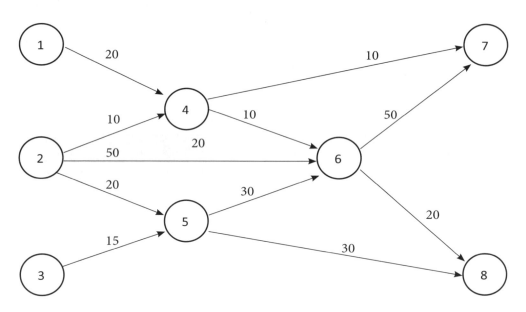

9. A tabela a seguir mostra as distâncias aéreas entre as sedes da Copa do Mundo de 2014 no Brasil. A equipe italiana projetou sua trajetória como a primeira colocada do seu grupo e decidindo o título no Rio de Janeiro (o que não aconteceu!). A Itália definiu sua localização no Rio de Janeiro. Essa decisão foi correta? Justifique usando um modelo de PLI e encontre a localização mais acertada.

Locais de jogos	Sedes											
	Belo Horizonte	Brasília	Cuiabá	Curitiba	Fortaleza	Manaus	Natal	Porto Alegre	Recife	Rio de Janeiro	Salvador	São Paulo
Manaus	2.561	1.936	1.456	2.739	2.388	0	2.770	3.138	2.839	2.854	2.610	2.694
Recife	1.660	1.643	2.457	2.464	630	2.839	254	2.982	0	1.877	676	2.133
Natal	1.834	1.779	2.529	2.650	436	2.770	0	3.178	254	2.089	877	2.325
Rio de Janeiro	340	935	1.579	677	2.194	2.854	2.089	1.126	1.877	0	1.212	358
Fortaleza	1.896	1.691	2.333	2.675	0	2.388	436	3.220	630	2.194	1.030	2.373
Belo Horizonte	0	626	1.375	822	1.896	2.561	1.834	1.344	1.660	340	966	491
Rio de Janeiro	340	935	1.579	677	2.194	2.854	2.089	1.126	1.877	0	1.212	358

Nota: distâncias em km.

10. Uma empresa testa uma nova tecnologia de câmeras de vigilância de 360° para monitorar as dependências de um andar com arquivos confidenciais. O *layout* do andar é mostrado a seguir com as salas ligadas por portas abertas. Uma câmera localizada em uma porta pode monitorar duas salas adjacentes. A empresa quer que todas as salas sejam monitoradas com o menor número possível de câmeras. Formule um modelo de PLI para esta situação e encontre a quantidade e a localização das câmeras.

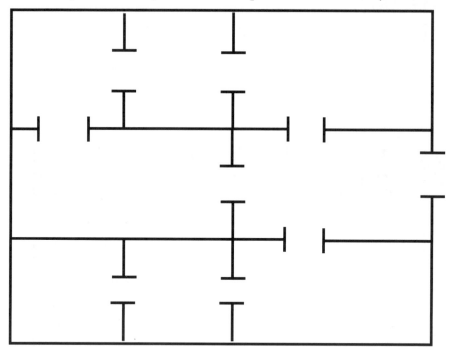

11. (Baseado em Abensur, 2012) Uma empresa precisa fazer a seleção de projetos de investimento de uma lista de projetos candidatos, conforme apresentado na tabela a seguir. São fornecidos para cada projeto os investimentos iniciais (DI), as taxas mínimas de atratividade (TMA), a vida útil (N) e os indicadores VPL, IL, MTIR e PBD (*payback* descontado). Os projetos dos grupos A e O são mutuamente excludentes. Os projetos do grupo P são independentes entre si e independentes em relação a todos os outros. O projeto 42 é dependente dos projetos 32 e 34. Há um limite orçamentário definido de R$ 452.000. Conforme norma da empresa, os projetos devem ter prazos de retorno (PBD) inferiores a 5 anos. A empresa privilegia ter a maior rentabilidade possível pelo método IL, mas é recomendável que os projetos selecionados também obedeçam às premissas de cada método de investimento usado (VPL, MTIR, PBD, IL). Monte um modelo de PLI e selecione os projetos.

Grupo	Projeto	DI (R$)	TMA (% aa)	N (anos)	VPL (R$)	IL (%)	MTIR (%)	PBD (anos)
A	1	1.000	10	4	39	3,91	11,06	2,90
	2	1.000	10	4	53	5,35	11,44	4,70
B	3	1.000	12	4	58	5,80	13,59	4,60
	4	1.000	12	4	39	3,99	13,10	3,70
C	5	22.000	12	6	3.860	17,55	15,06	5,30
	6	17.500	12	6	3.057	17,47	15,05	5,30
D	7	10.000	12	5	814	8,14	13,77	5,10
	8	25.000	12	5	1.675	6,70	13,46	5,10
E	9	300.000	9	5	-43.883	-14,43	5,66	20,00
	10	120.000	9	5	253.406	211,17	36,78	2,40
F	11	68.000	10	10	84.385	124,10	19,24	4,20
	12	28.000	10	5	44.783	159,94	33,16	2,70
G	13	5.000	8	4	701	14,03	11,60	4,60
	14	10.000	8	3	970	9,70	11,39	3,80
	15	10.000	8	4	3.248	32,49	15,87	3,80
	16	12.000	8	3	885	7,38	10,59	3,70
	17	8.000	8	2	2.699	33,74	24,90	2,50
	18	5.000	8	2	-216	-4,32	5,64	10,00
	19	6.000	8	4	2.153	35,89	16,60	3,90
H	20	100	10	2	38	38,84	29,61	2,40
	21	80	10	2	32	41,01	30,62	2,40
I	22	100	10	2	17	17,36	19,16	2,80
	23	100	10	2	16	16,74	18,85	2,40

(continua)

(*continuação*)

Grupo	Projeto	DI (R$)	TMA (% aa)	N (anos)	VPL (R$)	IL (%)	MTIR (%)	PBD (anos)
J	24	480	9	7	170	35,46	13,83	5,90
	25	620	9	7	92	14,97	11,19	6,80
	26	750	9	7	192	25,60	12,61	6,30
K	27	10	10	2	21	214,05	94,94	0,60
	28	5	10	2	16	321,49	125,83	2,00
	29	5	10	2	11	238,84	102,48	2,00
L	30	5.000	10	5	1.338	26,76	15,34	4,50
	31	8.000	10	10	1.794	22,43	12,35	6,90
M	32	1.500	10	5	-610	-40,68	2,16	10,00
	33	1.500	10	5	766	51,07	19,46	5,20
	34	1.500	10	5	796	53,09	19,78	5,20
	35	1.500	10	5	779	51,95	19,60	4,40
N	36	85.000	20	4	18.549	21,82	26,07	3,90
	37	150.000	20	4	51.921	34,61	29,26	3,60
	38	250.000	20	4	87.577	35,03	29,36	4,50
	39	378.000	20	4	19.337	5,12	21,51	4,10
O	40	100.000	10	5	84.337	84,34	16,94	5,2
	41	70.000	10	5	52.891	75,56	16,37	5,5
P	42	80.000	10	5	-9.339	-11,67	7,30	10,00
	43	20.000	15	7	2.399	12,00	16,88	6,50
	44	500	20	10	128	25,70	22,78	7,00
	45	200	20	10	219	109,62	29,22	3,82
Total	45	1.805.450			672.213	2.271		
mín.		5	8	2	-43.883	-40,68	2,16	0,60
máx.		378.000	20	10	253.406	321,49	125,83	20,00

Programação linear inteira

12. (Baseado em Murty, 2015) Uma empresa dividiu sua atuação mercadológica em seis diferentes zonas (Z_1 a Z_6) com base na formação educacional e profissional de seus residentes. Como exemplo, os residentes de Z_1 são administradores e outros bem-sucedidos profissionais. A Z_2 é caracterizada por comunidades de residências de acadêmicos. A empresa selecionou seis experientes candidatos (C_1-C_6) com diferentes formações e experiências.

Os estatísticos da empresa, levando em consideração a formação educacional, experiência profissional e outras relevantes características dos candidatos, além de informações obtidas por pesquisas de mercado, organizaram as estimativas de lucro anual obtidas pela alocação de cada candidato em cada zona, conforme apresentado na tabela a seguir.

Cada candidato pode ser alocado para qualquer zona. Dessa maneira, há 6 possíveis alocações associadas a cada candidato, resultando num total de 36 possíveis alocações para a empresa.

Elabore um modelo de PLI e encontre a solução ótima para a empresa.

Expectativa anual de lucro por candidato por zona (em milhões R$)

Candidato	Z_1	Z_2	Z_3	Z_4	Z_5	Z_6
C_1	29	10	1	17	6	2
C_2	36	31	26	32	28	27
C_3	35	24	18	25	21	19
C_4	30	11	3	20	8	4
C_5	34	16	13	23	15	14
C_6	33	12	5	22	9	7

13. Para o problema da Seção 4.3.3 mais os dados da Tabela 4.4, ache a quantidade e a localização dos pontos de atendimento considerando $\alpha = 0,80$.

CAPÍTULO 5
PROGRAMAÇÃO DINÂMICA
DETERMINÍSTICA

O todo é maior que a simples soma de suas partes.
Aristóteles

Em programação dinâmica, o todo é igual à soma das partes.
O autor

5.1 CONCEITOS E TERMINOLOGIA

A frase clássica de Aristóteles pode ser representada pela tentativa de dez homens moverem uma grande rocha. As tentativas individuais resultam em fracasso, pois um homem apenas não pode mover a rocha. Entretanto, a união dos esforços dos dez move a rocha mostrando que o todo é maior que a soma das tentativas de cada um.

A programação dinâmica (PD) é um interessante método de resolução de problemas multivariáveis que podem ser decompostos em subproblemas ou partes (estágios), sendo que cada parte ou estágio possui apenas uma variável de decisão. A solução ótima de uma PD é o resultado do encadeamento das soluções dos estágios, fazendo com que a união do ótimo das partes seja o ótimo total.

A PD é uma técnica matemática que cria uma sequência de decisões inter-relacionadas, fornecendo um procedimento sistemático para determinar a combinação de decisões ótimas. Uma PD pode ser resumida em dois elementos básicos: (i) definição dos estágios (por exemplo, anos, meses, dias); e (ii) definição dos estados em cada estágio (por exemplo, cidades-destinos a serem alcançadas). A criação da técnica de PD é atribuída ao professor Richard Bellman (1955).

Numa PD, a condição do processo num dado estágio é chamada de estado. Cada decisão efetua uma transição do estado corrente para o estado associado ao estágio seguinte. A terminologia usual de PD é apresentada a seguir:

a) Estágios: são os períodos nos quais é tomada a decisão.

b) Estado: corresponde à situação do sistema em determinado estágio.

c) Transição: é definida pela fórmula de recorrência que determina a mudança de valores das variáveis de um estado em um certo estágio para um estado num estágio seguinte.

d) Decisão: é uma ação que efetua uma transição do estado corrente para o estado associado ao estágio seguinte.

A condição necessária para que um problema qualquer seja passível de resolução por PD é o princípio de otimalidade de Bellman, descrito a seguir.

Princípio de otimalidade de Bellman

Para um dado estado, em um dado estágio t, a solução ótima do problema para os estágios t, $t+1$, $t+2$, ..., T é independente das decisões tomadas nos estágios anteriores.

QUADRO 5.1 RICHARD ERNEST BELLMAN

Richard Ernest Bellman nasceu em 1920 na cidade de Nova York, onde seu pai, John James Bellman, tinha uma pequena mercearia no Brooklyn. Bellman completou seus estudos na escola Abraham Lincoln em 1937 e estudou Matemática no Brooklyn College, onde se graduou em 1941.

Mais tarde, ele ganhou um mestrado pela University of Wisconsin-Madison. Durante a Segunda Guerra Mundial, trabalhou para um grupo de teóricos da Divisão de Física em Los Alamos. Em 1946, ele recebeu seu PhD em Princeton, sob a supervisão de Solomon Lefschetz. A partir de 1949, Bellman trabalhou por muitos anos na corporação Rand, e foi nessa época que ele desenvolveu a programação dinâmica.

Ele foi condecorado com a medalha de honra do IEEE, em 1979, pelas contribuições para os processos de decisão e teoria do sistema de controle, principalmente a criação e a aplicação da programação dinâmica.

Fonte: University of St. Andrews (2005).

5.2 RECURSÃO PROGRESSIVA

Embora operacionalmente não faça sentido resolver um problema de PL por PD, será usado, a seguir, o problema do caminho mínimo apresentado na Seção 4.2 como exemplo para esclarecimento da aplicação da técnica de PD.

Novamente, pretende-se determinar o caminho mínimo entre as cidades de Tupã e São Paulo usando a PD conforme inicialmente detalhado na Figura 5.1. A representação em grafos é sempre útil em resoluções de PD, conforme mostra a Figura 5.2 com o problema já dividido em estágios. Os números nos retângulos representam a distância total percorrida até cada nó (cidade).

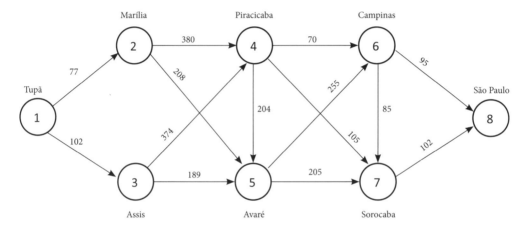

Figura 5.1 Rede do problema do caminho mínimo analisado.

A tarefa mais difícil de uma PD é a definição da equação recursiva ou regra de transição. Cada problema apresenta uma equação própria, o que torna, ao contrário da PL, difícil definir um algoritmo-padrão para a resolução dos problemas.

Para o problema analisado, seja $f_i(x_i)$ a distância mais curta até o nó x_i no estágio i, e defina-se $d(x_{i-1}, x_i)$ como a distância do nó x_{i-1} ao nó x_i, então, f_i é calculada por f_{i-1} usando a seguinte equação recursiva:

$$f_i(x_i) = \min_{\substack{\text{todas as rotas} \\ (x_{i-1}, x_i)\text{ viáveis}}} \{d(x_{i-1}, x_i) + f_{i-1}(x_{i-1})\},\ i = 1, 2, 3...$$

Nesse problema, há uma natural divisão em quatro estágios definidos pelos nós (cidades) 2-3, 4-5 e 6-7, além do próprio nó 8 de destino (São Paulo). Por questões didáticas, a Figura 5.1 apresenta todas as possibilidades ou estados possíveis (cidades em cada estágio) até se alcançar o nó 8 com as respectivas distâncias acumuladas. Entretanto, em termos práticos, algumas partes seriam normalmente descartadas pela regra de transição (equação recursiva) durante o processo por apresentarem resultados sabidamente inferiores (por exemplo, a rota até o nó 7 a partir do nó 6).

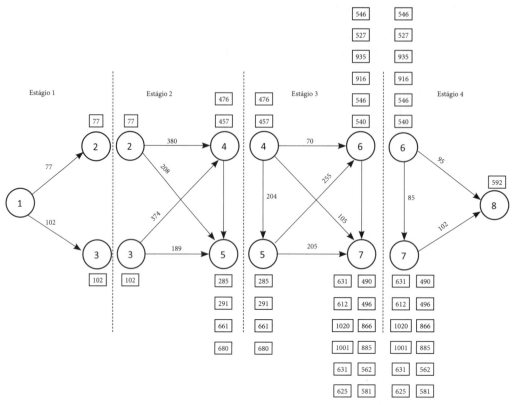

Figura 5.2 Rede do problema do caminho mínimo sob a ótica de PD.

O procedimento feito a partir da equação recursiva para determinar o caminho mínimo pode ser resumido da seguinte maneira:

Resumo do estágio 1

Distância mais curta do nó 1 ao nó 2 = 77 (a partir do nó 1)

Distância mais curta do nó 1 ao nó 3 = 102 (a partir do nó 1)

Resumo do estágio 2

Distância mais curta até o nó 4 = mín {[Distância mais curta até nó i] + [Distância do nó i ao nó 4]}

= mín {(77 + 380) e (102 + 374)} = 457 a partir do nó 2

Distância mais curta até o nó 5 = mín {[Distância mais curta até nó i] + [Distância do nó i ao nó 5]}

= mín {(77 + 208); (102 + 189) e (457 + 204)} = 285 a partir do nó 2

Resumo do estágio 3

Distância mais curta até o nó 6 = mín {[Distância mais curta até nó i] + [Distância do nó i ao nó 6]}

= mín {(285 + 255); (291 + 255); (661 + 255); (680 + 255); (457 + 70) e (476 + 70)}

= 527 a partir do nó 4

Distância mais curta até o nó 7 = mín { [Distância mais curta até nó i] + [Distância do nó i ao nó 7]}

= mín {(285 + 205); (291 + 205); (661 + 205); (680 + 205); (457 + 105) e (476 + 105)}

= 490 a partir do nó 5

Resumo do estágio 4

Distância mais curta até o nó 8 = mín {[Distância mais curta até nó i] + [Distância do nó i ao nó 8]}

= mín {(527 + 95) e (490 + 102)}

= 592 a partir do nó 7

A Figura 5.3 apresenta a mesma rede, mas apenas com o caminho mínimo destacado usando-se o procedimento definido pela equação recursiva. Como o procedimento caminha progressivamente do início até o fim, ele é denominado recursão progressiva.

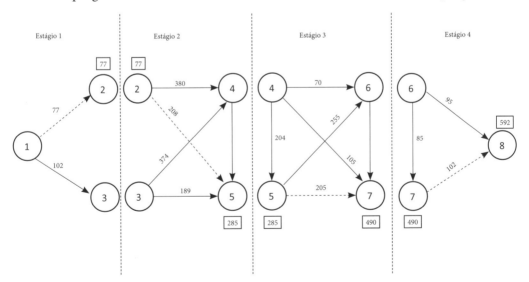

Figura 5.3 Caminho mínimo por recursão progressiva.

5.3 RECURSÃO REGRESSIVA

Embora a recursão progressiva seja uma opção natural e lógica para a resolução de problemas de PD, a literatura invariavelmente utiliza a recursão regressiva. Uma das razões alegadas é que a recursão regressiva é mais eficiente em termos de cálculos (TAHA, 2008). A Figura 5.4 a seguir mostra a determinação do caminho mínimo pelo método regressivo. A equação recursiva, o procedimento e os resultados são os mesmos, mas em sentido inverso.

$$f_i(x_i) = \min_{\substack{\text{todas as rotas} \\ (x_{i-1}, x_i) \text{ viáveis}}} \{d(x_{i-1}, x_i) + f_{i-1}(x_{i-1})\}, i = 1, 2, 3\ldots$$

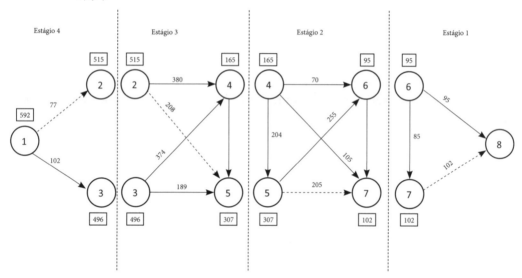

Figura 5.4 Caminho mínimo por recursão regressiva.

Resumo do estágio 1

Distância mais curta do nó 8 ao nó 6 = 95 (a partir do nó 8)

Distância mais curta do nó 8 ao nó 7 = 102 (a partir do nó 8)

Resumo do estágio 2

Distância mais curta até o nó 4 = mín {[Distância mais curta até nó i] + [Distância do nó i ao nó 4]}

= mín {(95 + 70) e (102 + 105)} = 165 a partir do nó 6

Distância mais curta até o nó 5 = mín {[Distância mais curta até nó i] + [Distância do nó i ao nó 5]}

= mín {(95 + 255) e (102 + 205)} = 307 a partir do nó 7

Resumo do estágio 3

Distância mais curta até o nó 2 = mín {[Distância mais curta até nó i] + [Distância do nó i ao nó 2]}

= mín {(307 + 208) e (165 + 380)} = 515 a partir do nó 5

Distância mais curta até o nó 3 = mín {[Distância mais curta até nó i] + [Distância do nó i ao nó 3]}

= mín {(165+374) e (307+189)} = 496 a partir do nó 5

Resumo do estágio 4

Distância mais curta até o nó 1 = mín {[Distância mais curta até nó i] + [Distância do nó i ao nó 1]}

= mín {(515 + 77) e (496 + 102)}

= 592 a partir do nó 2

5.4 APLICAÇÕES EM ENGENHARIA DE PRODUÇÃO

5.4.1 SUBSTITUIÇÃO DE EQUIPAMENTOS

A substituição de equipamentos está entre as decisões obrigatórias e frequentes tomadas pelas empresas (e pelas pessoas físicas também) ao longo de sua existência. Em geral, são decisões irreversíveis, que, quando equivocadas, podem acarretar perdas financeiras irreparáveis.

O problema da substituição de equipamentos (PSE) é tratado pela engenharia (em particular pela engenharia de produção) sob a ótica de custos. A ideia básica é substituir o bem quando os custos tornarem-se excessivamente altos, em termos de valor presente líquido, justificando sua substituição por um outro bem. O PSE é um campo tradicional de aplicação da integração das técnicas de pesquisa operacional e engenharia econômica.

Para tornar factível a demonstração da aplicação da PD sobre o PSE nesta seção, pretende-se analisar a decisão de substituição de um automóvel por parte de uma pessoa física. Essa pessoa possui um carro seminovo e pretende adquirir um veículo novo (0 km) nos próximos 4 anos. Para isso, pretende-se montar uma estratégia com base no uso do valor de mercado do veículo atual como entrada para a compra do novo carro (algo conhecido como troca de chaves). Os dados usados para a montagem da estratégia são os valores de tabela do carro novo (0 km) e os valores de mercado do usado, conforme tabela a seguir.

Não foram considerados gastos com seguro, IPVA, combustível, manutenção, lucro contábil, custo de oportunidade e aspectos fiscais (para uma análise de custos mais

106   *Pesquisa operacional para cursos de Engenharia de Produção*

detalhada desse tipo de problema, ver VEGA; ABENSUR, 2014; ABENSUR, 2015). Admitir um desembolso de 30% sobre o valor do carro atual seminovo caso ele seja usado como entrada para uma troca imediata. Para qualquer ano, a partir do primeiro, considerar a desvalorização do carro novo (0 km) a partir da coluna do primeiro ano de uso (R$ 37.900).

A substituição por um carro novo em cada estágio implica o valor de tabela do modelo novo do estágio seguinte (as mudanças de ano e modelo de carros novos acontecem no estágio corrente). Por simplificação, usar o valor mostrado na Tabela 5.1 (sem ajustes), caso um carro usado, de qualquer idade, seja usado como entrada.

Tabela 5.1   Valores de mercado do automóvel novo e usado

	Atual	1º ano	2º ano	3º ano	4º ano
Carro 0 km (R$)	54.200	56.400	58.700	61.000	63.400
Carro usado (R$)	-	37.900	32.200	27.400	24.600

No PSE, em qualquer estágio, há duas decisões possíveis em um determinado estado: (i) reter o equipamento em uso; ou (ii) substituí-lo. Seja $f_j(t)$ o menor custo no estágio j do automóvel de idade t e $c_j(t)$ o custo do automóvel de idade t no estágio j. O estágio é representado pelo ano de análise (0, 1, 2, 3, 4). No início de cada ano, o estado é dado pela idade t do automóvel. A função recursiva é:

$$f_j(t) = \text{mín} \begin{cases} f_{j-1}(t-1)_{usado} + custo_j(t) & \text{reter} \\ f_j(0)_{novo} + custo_j(0) & \text{substituir} \end{cases}$$

Este problema pode ser visualizado e resolvido na forma de rede conforme mostrado a seguir. Os retângulos sobre os nós indicam os custos acumulados de cada estratégia. Como só pode haver uma troca no período de 4 anos, algumas rotas são naturalmente descartadas.

Resumo do estágio 1 (R$ mil)

Custo de reter o carro atual = 54,2 – 37,9 = 16,3

Custo de substituir o carro atual = 0,3 × 54,2 = 16,3

Resumo do estágio 2 (R$ mil)

Custo de reter o carro com 1 ano de uso = 37,9 – 32,2 = 5,7

Custo de substituir o carro com 1 ano de uso = 58,7 – 37,9 = 20,8

Custo de reter o carro com 0 ano de uso = 56,4 –37,9 = 18,5

Programação dinâmica determinística **107**

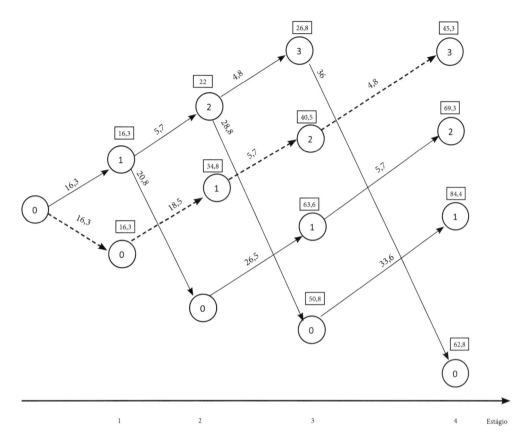

Figura 5.5 Estratégia de substituição do automóvel (R$ mil).

Resumo do estágio 3 (R$ mil)

Custo de reter o carro com 2 anos de uso = 32,2 − 27,4 = 4,8

Custo de substituir o carro com 2 anos de uso = 61 − 32,2 = 28,8

Custo de reter o carro com 1 ano de uso = 37,9 − 32,2 = 5,7

Custo de reter carro com 0 ano de uso = 58,7 − 32,2 = 26,5

Resumo do estágio 4 (R$ mil)

Custo de substituir o carro com 3 anos de uso = 63,4 − 27,4 = 36

Custo de reter o carro com 2 anos de uso = 32,2 − 27,4 = 4,8

Custo de reter o carro com 1 ano de uso = 37,9 − 32,2 = 5,7

Custo de reter o carro com 0 ano de uso = 61 − 27,4 = 33,6

Estratégia ótima: Substituir-Reter-Reter-Reter (S-R-R-R) = R$ 45.300

O caso analisado ilustra algumas das principais características das resoluções por PD. A função de recorrência ou função objetivo deve ser de tal maneira que a soma das partes resulte no melhor do todo. A função somatória, no caso analisado, apresenta essa propriedade, bem como a função produtória.

A PD está na categoria das técnicas de enumeração exaustiva (todas as combinações possíveis de resultados), mas, por causa das regras específicas de cada equação recursiva, trabalha com um número bem menor de alternativas. Mesmo assim, um problema de ordem computacional da PD está no excessivo número de possíveis combinações, que pode levar a uma dificuldade de cálculo conhecida como "maldição da dimensionalidade" (HILLIER; LIEBERMAN, 2006; TAHA, 2008). Em geral, havendo sempre duas possíveis decisões em cada estado em qualquer estágio, o número de possibilidades cresceria na ordem de 2^n, sendo n o número de estágios. Portanto, um problema com apenas 8 estágios teria 256 combinações possíveis, tornando humanamente impraticável sua resolução manual.

5.4.2 GESTÃO DE ESTOQUES

O estudo de caso apresentado na Seção 4.3.1 foi adaptado para uma demonstração da aplicação da técnica de PD sobre a gestão de estoques. Assumindo-se que o atual estoque de segurança deste produto é de 15 toneladas (quantidade suficiente para atender à demanda de um mês, caso ocorra algum imprevisto), que a limitação máxima do estoque, por causa do espaço físico, é de 30 toneladas, e considerando-se os dados apresentados na Tabela 5.2, necessita-se da programação de entregas do produto para os próximos 4 meses de modo a minimizar o custo total.

O custo total é resultado do valor do estoque inicial armazenado em cada período mais as compras feitas no respectivo período adicionado do custo do contêiner usado. As compras são realizadas por empenho de um contêiner por mês. Os dois tipos de contêineres utilizados são: (i) 8 toneladas (R$ 1.900,00); e (ii) 20 toneladas (R$ 3.000,00). O estoque inicial é de 22 toneladas.

Tabela 5.2 Estimativa da demanda e do custo da matéria-prima

Mês	Demanda (t)	Matéria-prima (R$/kg)
1	12	4,96
2	12	5,45
3	9	4,96
4	9	4,77

Programação dinâmica determinística

A resolução dessa situação na forma de rede é mostrada a seguir. Os retângulos sobre os nós indicam os custos acumulados de cada estratégia, e os círculos, a posição de estoque ao início de cada estágio. A política ótima obtida foi {8,20,0,8} a um custo de R$ 585.000 e estoque final de 16 toneladas. O custo total é dado pela seguinte expressão:

Custo total = custo do estoque final + custo da compra de MP + custo do contêiner

Custo total = (estoque final + compra de MP) × custo de MP + custo do contêiner

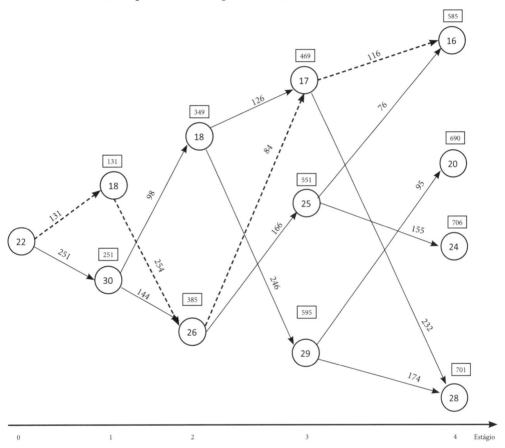

Figura 5.6 Estratégia de compra da matéria-prima (R$ mil).

Resumo do estágio 1 (R$ mil)

Custo de comprar 8 t de MP = (18 + 8) × 4,96 + 1,9 = 131

Custo de comprar 20 t de MP = (30 + 20) × 4,96 + 3 = 251

Resumo do estágio 2 (R$ mil)

Custo de comprar 20 t de MP = (26 + 20) × 5,45 + 3 = 254

Custo de comprar 8 t de MP = (18 + 8) × 5,45 + 1,9 = 144
Custo de comprar 0 t de MP = (18) × 5,45 = 98

Resumo do estágio 3 (R$ mil)
Custo de comprar 8 t de MP = (17 + 8) × 4,96 + 1,9 = 126
Custo de comprar 20 t de MP = (29 + 20) × 4,96 + 3 = 246
Custo de comprar 0 t de MP = (17) × 4,96 = 84
Custo de comprar 8 t de MP = (25 + 8) × 4,96 + 1,9 = 166

Resumo do estágio 4 (R$ mil)
Custo de comprar 8 t de MP = (16 + 8) × 4,77 + 1,9 = 116
Custo de comprar 20 t de MP = (28 + 20) × 4,77 + 3 = 232
Custo de comprar 0 t de MP = (16) × 4,77 = 76
Custo de comprar 8 t de MP = (24 + 8) × 4,77 + 1,9 = 155
Custo de comprar 0 t de MP = (20) × 4,77 = 95
Custo de comprar 8 t de MP = (28 + 8) × 4,77 + 1,9 = 174

EXERCÍCIOS

1. Conforme a figura a seguir, ache o caminho mínimo entre Petrolina e Recife usando:
a) recursão progressiva;
b) recursão regressiva.

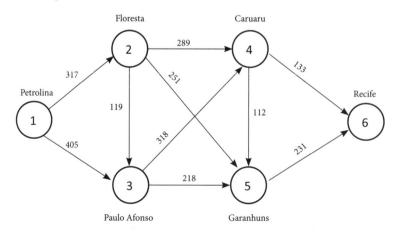

Programação dinâmica determinística

2. A mais famosa lenda sobre a formação da Grã-Bretanha é a do rei Artur e os cavaleiros da Távola Redonda. Certa vez, Artur teve que lutar contra um dragão de 3 cabeças e 4 caudas. Sua tarefa foi facilitada, pois por ordem de Viviane, sacerdotisa de Avalon, sua sobrinha Morgana ficou encarregada de impregnar a espada e a bainha com magia para proteger Artur na sua tarefa de unir os povos da Grã-Bretanha.

Cada golpe poderia fazer somente uma das seguintes coisas:

a) cortar uma cabeça;

b) cortar duas cabeças;

c) cortar uma cauda;

d) cortar duas caudas.

Além disso, Morgana, que também era meia-irmã de Artur e herdeira da sacerdotisa de Avalon, após uma visão revelou o segredo do dragão a Artur:

a) se uma cabeça é cortada, cresce uma nova;

b) se duas cabeças são cortadas, nada mais acontece;

c) no lugar de uma cauda cortada nascem duas caudas novas;

d) se duas caudas são cortadas, cresce uma nova cabeça e uma nova cauda.

O dragão morre se perder as 3 cabeças ou as 4 caudas. Conforme o enunciado acima, pede-se a melhor estratégia que o rei Artur pode adotar para matar o dragão usando PD.

3. Uma versão simplificada do problema da mochila apresentado na Seção 4.2 está resumida na tabela a seguir. A mochila tem uma capacidade de 3.600 cm^3. Pede-se a forma de preenchimento da mochila que maximize a utilidade usando PD.

Item	Volume (cm³)	Utilidade
Calculadora	140	2
Notebook	3.000	3
Celular	100	3
Caderno	840	3
Livro	420	3
Total	4.500	14

4. A partir de um estoque inicial nulo, obtenha a política ótima de produção e o respectivo custo total para uma empresa com os dados a seguir aplicando as seguintes regras:

- só produzir a demanda do período atual ou dos seguintes quando o estoque for nulo;
- admitir que os custos de produção incidam no início, e os de armazenagem, no fim de cada período.

Período	Demanda	Custos de produção		Custo unitário de armazenagem
		Fixo	Variável	
1	8	22	4	1
2	11	23	3	2
3	18	20	2	1
4	23	21	1	-

5. Para o problema anterior, obtenha a política ótima usando PD e assumindo um estoque de segurança de 5 unidades por mês.

6. Para o problema 4, obtenha o valor presente do custo total, considerando uma taxa de juros de 2% ao período e que todos os custos incidam no fim do período.

7. O departamento de PCP de uma empresa planeja a produção para um horizonte de 6 meses. Conforme regras da empresa, ela só produz as necessidades exatas para atender à demanda do próximo mês ou pode antecipar a produção de um ou mais meses seguintes. Ainda como regra, ela só produz no período quando o estoque é nulo. Há capacidade ilimitada de produção e armazenagem. A tabela abaixo resume os dados necessários para o horizonte de planejamento.

a) Determine a política ótima de produção usando PD.

b) Desenvolva a equação recursiva do problema.

Período	Demanda	Custos de produção		Custo unitário de armazenagem
		Fixo	Variável	
1	10	20	2	1
2	15	17	2	1
3	7	10	2	1
4	20	20	2	3
5	13	5	2	1
6	25	50	2	1

Programação dinâmica determinística

113

8. (Baseado em Taha, 2008) Uma empresa quer desenvolver uma política ótima de reposição para seu trator de 2 anos para os próximos 5 anos. Um trator deve ser mantido em serviço por no mínimo 3 anos, mas deve ser substituído após 5 anos. O preço de compra atual de um trator é de R$ 40.000 e aumenta 10% ao ano (aa). O valor de sucata de um trator com 1 ano é de R$ 30.000 e diminui 10% aa. O custo operacional anual atual é de R$ 1.300, mas espera-se que aumente 10% aa.

a) Formule o problema como de caminho mínimo.

b) Desenvolver a equação recursiva associada.

c) Determine a política ótima de reposição do trator para os próximos 5 anos.

9. (Baseado em Taha, 2008) Um empreiteiro de construção civil estima que o tamanho da força de trabalho necessária para as próximas 5 semanas são 8, 4, 7, 8 e 2 operários, respectivamente. O excesso de mão de obra mantido custará R$ 300 por operário por semana, e uma nova contratação em qualquer semana incorrerá em um custo fixo de R$ 400 mais R$ 200 por operário por semana. Há uma indenização de R$ 100 para cada operário demitido. Determine a política ótima de mão de obra dessa empresa por meio de PD.

10. Um dispositivo eletrônico é composto por três componentes colocados em série. A falha de qualquer um deles resulta na inoperabilidade do dispositivo. A confiabilidade do dispositivo, ou a probabilidade de não falhar, é resultado da produtória das confiabilidades individuais de cada componente. A confiabilidade do dispositivo pode ser melhorada com a adição de até 3 unidades em paralelo em cada componente. A tabela a seguir mostra a confiabilidade R e o custo C de cada alternativa. O capital disponível para o desenvolvimento do dispositivo é de R$ 10.000. Determine a forma como o dispositivo será construído usando PD.

Unidades em paralelo	Componente 1		Componente 2		Componente 3	
	C	R	C	R	C	R
1	1.000	0,55	4.000	0,75	2.000	0,55
2	2.000	0,85	5.000	0,80	4.000	0,75
3	3.000	0,90	6.000	0,90	5.000	0,95

11. Um investidor estuda um plano de investimento em dois bancos. Ele pretende investir R$ 20.000 agora e R$ 10.000 no início dos anos 2 a 4. O Banco A oferece uma remuneração de 100% do certificado de depósito interbancário (CDI) para aplicações até R$ 40.000 e 104% do CDI para valores acima disso. O Banco B oferece 98% do CDI para qualquer valor aplicado, mas concede bônus na forma de reciprocidade bancária (isenção de tarifas, isenção de anuidade de cartão de crédito, milhas de programa aéreo, pontos por uso do cartão de débito). Em razão dessa reciprocidade, o investidor estima um bônus médio de 0,3% sobre o valor total investido ao início de cada ano. A previsão das taxas anuais do CDI é apresentada na tabela a seguir. Todos os retornos são calculados com base em capitalização composta dos juros. Pede-se o plano de investimentos que maximize o capital investido usando PD.

1º ano	2º ano	3º ano	4º ano
14,25%	13,5%	12,5%	11%

CAPÍTULO 6
PROGRAMAÇÃO NÃO LINEAR

*Não é a linha reta, dura e inflexível, feita pelo homem, que me atrai. O que
me chama a atenção é a curva livre e sensual. A curva que encontro nas
montanhas do meu país, nas margens dos seus rios, nas nuvens do céu e
nas ondas do mar. O universo está cheio de curvas, um universo de Einstein.*

Oscar Niemeyer

6.1 CONCEITO E CARACTERÍSTICAS

O mundo linear pode ser considerado uma exceção relevante dentro do universo curvo. De fato, a maioria dos problemas reais apresenta algum tipo de não linearidade. Problemas não lineares apresentam a função-objetivo e/ou pelo menos uma das restrições envolvidas como funções não lineares das variáveis de decisão, como os exemplos mostrados a seguir.

$$\text{máx } Z = 2x_1^2 + 3x_2^2$$
$$x_1 + x_2 = 4$$
$$2x_1 + x_2 = 12$$
$$3x_1 - 2x_2 = 18$$
$$x_i \geq 0$$

$$\text{máx } Z = 2x_1 + 3x_2$$
$$x_1 + x_2 = 4$$
$$2x_1 + x_2 = 12$$
$$3x_1^2 - 2x_2^2 \leq 18$$
$$x_i \geq 0$$

$$\text{máx } Z = \sqrt{2x_1} + 3x_2$$
$$x_1 + x_2 = 4$$
$$2x_1 + x_2 = 12$$
$$3x_1^2 - 2x_2^2 \leq 18$$
$$x_i \geq 0$$

Por causa das características dos problemas de programação não linear (PNL), para muitos tipos de PNL, não há condições, a princípio, de afirmar que foi encontrado um ponto de máximo ou mínimo global com o algoritmo utilizado, ou seja, não há garantias de solução ótima, conforme exemplificado na Figura 6.1 a seguir. Problemas como de alocação de investimentos a um menor risco (por exemplo, variância dos retornos) e de gestão de estoques pelo modelo de lote econômico são alguns exemplos de situações de PNL.

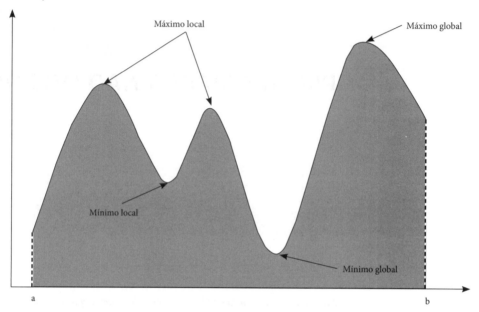

Figura 6.1 Pontos de máximo e mínimo, local e global.

Outra característica dos problemas de PNL está na busca das soluções. Nos problemas de PL, a busca dava-se por meio da pesquisa dos pontos extremos da região de soluções viáveis. Em problemas de PNL, essa técnica não é mais válida, como demonstrado a seguir na Tabela 6.1, adaptada ao problema dos barris de vinho da Seção 3.2.

Tabela 6.1 Modelos de PL e PNL do problema dos barris de vinho

Modelo de PL	Modelo de PNL
máx $Z = 1000x_a + 1800x_f$ s.a. $\quad 20x_a \leq 800$ $\quad 10x_f \leq 300$ $20x_a + 30x_f \leq 1200$ $x_a, x_f \geq 0$	máx $Z = 1000x_a + 1800x_f$ s.a. $\quad 20x_a \leq 800$ $\quad 10x_f \leq 300$ $900x_a^2 + 225x_f^2 \leq 202500$ $x_a, x_f \geq 0$

A única modificação foi a alteração da última restrição para uma configuração quadrática sendo todo o resto igual. A resolução deste modelo pelo algoritmo GRG (*generalized reduced gradient*) não linear disponível no Excel Solver fornece o ponto (4,01;28,9) como solução, conforme mostrado na Figura 6.2 a seguir.

Programação não linear 117

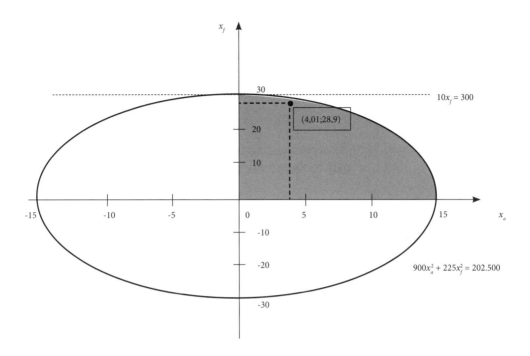

Figura 6.2 Representação gráfica da solução do problema de PNL dos barris de vinho.

A solução ótima encontra-se dentro da região de soluções viáveis, mas poderia estar num dos extremos ou mesmo ao longo da fronteira da região. Essa característica torna altamente complexa a busca de soluções de um problema de PNL, pois seria necessário pesquisar um conjunto infinito de pontos pertencentes à região de soluções viáveis.

Dessa maneira, o uso de ferramentas computacionais é essencial para o tratamento de problemas não lineares. Neste capítulo, assim como no Capítulo 3, que abordou a programação linear, será feito uso do algoritmo do Excel Solver para problemas do tipo PNL.

6.2 OTIMIZAÇÃO CLÁSSICA

Algumas das aplicações do cálculo diferencial estão no estudo do comportamento de uma função, em localizar seus pontos máximos e mínimos e seus pontos de inflexão e definir sua convexidade. Em problemas de PNL, para se afirmar que o resultado encontrado por algum algoritmo de busca é ótimo, é recomendável conhecer as características do comportamento das funções (convexidade, concavidade) que participam do modelo.

Os pontos de máximo ou mínimo de uma função de uma variável (FUV) podem ser identificados pela igualdade da derivada primeira a zero. A verificação da convexidade de uma FUV é feita da seguinte maneira:

Convexa: para todos os valores de x pertencentes ao domínio de $f(x)$

$$\frac{\partial^2 f(x)}{\partial x^2} \geq 0$$

Estritamente convexa: para todos os valores de x pertencentes ao domínio de $f(x)$

$$\frac{\partial^2 f(x)}{\partial x^2} > 0$$

Côncava: para todos os valores de x pertencentes ao domínio de $f(x)$

$$\frac{\partial^2 f(x)}{\partial x^2} \leq 0$$

Estritamente côncava: para todos os valores de x pertencentes ao domínio de $f(x)$

$$\frac{\partial^2 f(x)}{\partial x^2} < 0$$

Em geral, os problemas de PNL são formulados em função de várias variáveis (FVV), e uma maneira metódica de testar a convexidade é por meio da investigação das derivadas parciais de segunda ordem dispostas numa matriz hessiana.

A matriz hessiana usada para a análise da convexidade de funções de mais de 2 variáveis é uma matriz simétrica de ordem n formada por todas as derivadas parciais de segunda ordem desta função, conforme mostrado genericamente a seguir.

$$H_n = \begin{pmatrix} \dfrac{\partial^2 f}{\partial x_1^2} & \dfrac{\partial^2 f}{\partial x_1 \partial x_2} & \cdots & \dfrac{\partial^2 f}{\partial x_1 \partial x_n} \\[2ex] \dfrac{\partial^2 f}{\partial x_1 \partial x_2} & \dfrac{\partial^2 f}{\partial x_2^2} & \cdots & \dfrac{\partial^2 f}{\partial x_1 \partial x_n} \\[2ex] \dfrac{\partial^2 f}{\partial x_n \partial x_1} & \dfrac{\partial^2 f}{\partial x_n \partial x_2} & \cdots & \dfrac{\partial^2 f}{\partial x_n^2} \end{pmatrix}$$

Para funções de duas variáveis, tem-se a seguinte matriz hessiana:

$$H_n = \begin{pmatrix} \dfrac{\partial^2 f(x_1, x_2)}{\partial x_1^2} & \dfrac{\partial^2 f(x_1, x_2)}{\partial x_1 \partial x_2} \\[2ex] \dfrac{\partial^2 f(x_1, x_2)}{\partial x_2 \partial x_1} & \dfrac{\partial^2 f(x_1, x_2)}{\partial x_2^2} \end{pmatrix}$$

Então, diz-se que $f(x_1, x_2)$ é (ANTON; BIVENS; DAVIS, 2007):

• estritamente convexa se $D > 0$, $\dfrac{\partial^2 f(x_1, x_2)}{\partial x_1^2} > 0$ e $\dfrac{\partial^2 f(x_1, x_2)}{\partial x_2^2} > 0$, para todos os valores possíveis de x_1 e x_2 do domínio de $f(x_1, x_2)$;

- convexa se $D \geq 0$, $\dfrac{\partial^2 f(x_1, x_2)}{\partial x_1^2} \geq 0$ e $\dfrac{\partial^2 f(x_1, x_2)}{\partial x_2^2} \geq 0$, para todos os valores possíveis de x_1 e x_2 do domínio de $f(x_1, x_2)$;

- estritamente côncava $D < 0$, $\dfrac{\partial^2 f(x_1, x_2)}{\partial x_1^2} < 0$ e $\dfrac{\partial^2 f(x_1, x_2)}{\partial x_2^2} < 0$, para todos os valores possíveis de x_1 e x_2 do domínio de $f(x_1, x_2)$;

- côncava se $D \leq 0$, $\dfrac{\partial^2 f(x_1, x_2)}{\partial x_1^2} \leq 0$ e $\dfrac{\partial^2 f(x_1, x_2)}{\partial x_2^2} \leq 0$, para todos os valores possíveis de x_1 e x_2 do domínio de $f(x_1, x_2)$;

- se $D < 0$, para algum dos possíveis valores de x_1 e x_2, então há um ponto de sela;

- se $D = 0$, nada se pode afirmar.

Para funções com mais de duas variáveis, D_1, D_2 e D_n são chamados de determinantes dos menores principais da matriz hessiana e serão em número igual ao número de variáveis da função. Genericamente, tem-se a seguinte formação dos determinantes:

$$
D_n = \begin{pmatrix} \dfrac{\partial^2 f}{\partial x_1^2} & \cdots & \dfrac{\partial^2 f}{\partial x_1 \partial x_n} \\ \vdots & & \vdots \\ \dfrac{\partial^2 f}{\partial x_n \partial x_1} & \cdots & \dfrac{\partial^2 f}{\partial x_n^2} \end{pmatrix}
$$

Então, diz-se que $f(x_1, x_2, x_3, ..., x_n)$ é (LACHTERMACHER, 2002):

- estritamente convexa se todos os determinantes dos menores principais da matriz hessiana forem positivos, isto é $D_1 > 0$, $D_2 > 0$, ..., $D_n > 0$, para todas as possíveis n-uplas do domínio;

- convexa se todos os determinantes dos menores principais da matriz hessiana forem não negativos, isto é $D_1 \geq 0$, $D_2 \geq 0$, ..., $D_n \geq 0$, para todas as possíveis n-uplas do domínio;

- estritamente côncava se os determinantes dos menores principais tiverem sinais alternados (começando com $D_1 < 0$), isto é $D_1 < 0$, $D_2 > 0$, $D_3 < 0$, ...;

- côncava se os determinantes dos menores principais forem iguais a zero ou tiverem sinais alternados (começando com $D_1 \leq 0$), isto é $D_1 \leq 0$, $D_2 \geq 0$, $D_3 \leq 0$, ...;

- se nenhuma das condições apresentadas for atendida, a função não é nem convexa, nem côncava.

Será usada como exemplo uma clássica decisão de alocação de investimentos em dois ativos financeiros para demonstrar o uso do cálculo diferencial para suporte ao conhecimento das características de um problema de PNL.

Seleção de portfólio[1]

A formulação proposta por Markowitz (1952) foi baseada na dualidade risco-retorno e explica por que a diversificação é uma prática vantajosa para a seleção de ativos. Existe uma combinação ideal dos ativos de um portfólio (carteira formada pela participação de vários ativos financeiros) que consegue, simultaneamente, máximo retorno a um mínimo risco assumido. Ao longo do tempo, esse modelo de otimização de portfólio foi denominado de média-variância (MV). Posteriormente, esse estudo serviu como base para a moderna teoria financeira e foi agraciado com o prêmio Nobel de Economia em 1990.

O modelo genérico de média-variância de Markowitz é mostrado a seguir:

$$\min \sum_{i=1}^{N} \sum_{j=1}^{N} \sigma_{ij} x_i x_j$$

$s.a.$

$$\sum_{i=1}^{N} x_i \mu_j \geq \rho$$

$$\sum_{i=1}^{N} x_i = 1$$

$$x_i \geq 0 \qquad i = 1, 2, 3, ..., N$$

Em que:

N = número de ativos que compõem o portfólio;

x_i = porcentagem de capital para ser investido no ativo i;

σ_{ij} = covariância entre os ativos i e j;

μ_i = valor esperado do retorno do ativo i;

ρ = meta de retorno do portfólio (estipulado pelo investidor).

O cálculo do retorno de um portfólio é a soma dos retornos individuais dos ativos participantes multiplicados pela sua participação no portfólio, conforme mostrado a seguir.

$$R_t = \sum_{i=1}^{N} R_i x_i$$

Em que:

R_i = retorno do ativo i;

x_i = participação do ativo i na carteira.

Conforme Markowitz (1952), existe uma relação de dependência entre os ativos que pode ser usada para uma composição mais sofisticada do portfólio. De acordo com a combinação de ativos, movimentos de aumento do retorno da carteira podem ser amplificados em cenários otimistas e reduzidos em cenários de recessão. Se o risco

---

[1] Este problema foi baseado em Abensur (2009).

Programação não linear

da carteira puder ser quantificado, a composição dos ativos será, então, uma decisão conjunta de avaliação risco-retorno.

Markowitz formulou que a variância (ou risco) de um portfólio genérico composto por N ativos depende das variâncias individuais dos títulos e das covariâncias entre os pares de ativos envolvidos, conforme mostra a fórmula a seguir:

$$V = \sum_{i=1}^{N} \sum_{j=1}^{N} \sigma_{ij} X_i X_j$$

Em que:

X = participação do ativo no portfólio;

σ_{ij} = covariância entre os ativos i e j;

N = número de ativos.

Lembrando que:

• a ordem dos fatores não altera o resultado da covariância;

• a covariância do próprio ativo é igual a sua variância;

• $-1 < \rho < 1$ (a correlação está entre -1 e 1).

$$\sigma_{AB} = Cov\ (R_a,\ R_b) = Cov\ (R_b,\ R_a) = \sigma_{AB}\ e\ \sigma_A^2 = Cov\ (R_a,\ R_a) = Cov(R_a)$$

A covariância entre os retornos do ativo R_a e do ativo R_b é:

$$\sigma_{AB} = Cov\ (R_a,\ R_b) = \frac{\sum_{j=1}^{N} (R_{ai} - R_a) \times (R_{bi} - R_b)}{n}$$

A correlação entre os retornos dos ativos é:

$$\rho_{AB} = Corr\ (R_a,\ R_b) = \frac{Cov\ (R_a,\ R_b)}{\sigma_A \times \sigma_B}$$

Para um portfólio composto por dois ativos, a expressão da variância é:

$$V = \sum_{i=1}^{2} \sum_{j=1}^{2} \sigma_{ij} X_i X_j - \sigma_{11} X_1 X_1 + \sigma_{12} X_1 X_2 - \sigma_{21} X_2 X_1 + \sigma_{22} X_2 X_2$$

$$V = \sigma_1^2 X_1^2 + 2\sigma_{12} X_1 X_2 + \sigma_2^2 X_2^2$$

Consequentemente, o desvio-padrão para um portfólio composto por dois ativos seria:

$$DP = \sqrt{\sum_{i=1}^{2} \sum_{j=1}^{2} \sigma_{ij} X_i X_j} = \sqrt{\sigma_1^2 X_1^2 + 2\sigma_{12} X_1 X_2 + \sigma_2^2 X_2^2}$$

Outra maneira de expressar o risco da carteira é pelo uso da correlação entre os dois ativos ρ_{12}. Dessa maneira, o cálculo da variância da carteira seria:

$$V = \sigma_1^2 X_1^2 + 2\rho_{12}\sigma_1 X_1 \sigma_2 X_2 + \sigma_2^2 X_2^2$$

Para um portfólio formado por dois ativos, o modelo MV equivalente é mostrado a seguir.

$$\min V = \sigma_1^2 X_1^2 + 2\rho_{12}\sigma_1 X_1 \sigma_2 X_2 + \sigma_2^2 X_2^2$$

s.a.

$$\sum_{i=1}^{N} x_i \mu_i \geq \rho$$

$$\sum_{i=1}^{N} x_i = 1$$

$$x_i \geq 0 \qquad i = 1, 2, 3, ..., N$$

O modelo é de PNL, e a não linearidade está na função objetivo. A análise de convexidade da função pode ser feita genericamente, como apresentado a seguir.

$$H_2 = \begin{pmatrix} \dfrac{\partial^2 f}{\partial x_1^2} & \dfrac{\partial^2 f}{\partial x_1 \partial x_2} \\[3mm] \dfrac{\partial^2 f}{\partial x_2 \partial x_1} & \dfrac{\partial^2 f}{\partial x_2^2} \end{pmatrix} \Rightarrow \dfrac{\partial^2 f}{\partial x_1^2} = 2\sigma_1^2; \dfrac{\partial^2 f}{\partial x_2^2} = 2\sigma_2^2; \dfrac{\partial^2 f}{\partial x_1 \partial x_2} = \dfrac{\partial^2 f}{\partial x_2 \partial x_1} 2\sigma_1 \sigma_2 \rho_{12}$$

$$H_2 = \begin{pmatrix} 2\sigma_1^2 & 2\sigma_1 \sigma_2 \rho_{12} \\[2mm] 2\sigma_1 \sigma_2 \rho_{12} & 2\sigma_2^2 \end{pmatrix}$$

$$2\sigma_1^2 > 0$$

$$D = 4\sigma_1^2 \sigma_2^2 - (2\sigma_1 \sigma_2 \rho_{12})^2 = 4\sigma_1^2 \sigma_2^2 - 4\sigma_1^2 \sigma_2^2 \rho_{12}^2$$

$$-1 < \rho_{12} < +1 \Rightarrow D > 0$$

Dessa maneira, o modelo MV reúne as condições necessárias para que seu resultado seja considerado um extremo global e, portanto, ótimo. De fato, geometricamente, a região viável das infinitas possíveis combinações de resultados (carteiras ou portfólios) define um ramo de hipérbole cujas melhores carteiras encontram-se ao longo da curva envoltória (denominada, em finanças, fronteira eficiente), conforme mostrado na Figura 6.3 a seguir. O ponto MV define a combinação de ativos com mínima variância ou menor risco.

Programação não linear 123

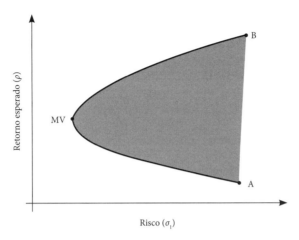

Figura 6.3 Fronteira eficiente de carteiras. Fonte: adaptada de Ross, Westerfield e Jaffe (2002).

A Tabela 6.2 a seguir resume as condições de convexidade conforme o número de variáveis da função analisada.

Tabela 6.2 Condições de convexidade conforme o número de variáveis

Variáveis	$\dfrac{\partial^2 f}{\partial x^2}$			Comportamento de $f(x_1, x_2...x_n)$
1	> 0			Estritamente convexa
	≥ 0			Convexa
	< 0			Estritamente côncava
	≤ 0			Côncava
2	D	$\dfrac{\partial^2 f(x_1,x_2)}{\partial x_1^2}$	$\dfrac{\partial^2 f(x_1,x_2)}{\partial x_2^2}$	
	> 0	> 0	> 0	Estritamente convexa
	> 0	≥ 0	≥ 0	Convexa
	> 0	< 0	< 0	Estritamente côncava
	> 0	≤ 0	≤ 0	Côncava
	< 0			Ponto de sela
	= 0			Inconclusivo
> 2	D_1	D_2...	D_n	
	> 0	> 0	> 0	Estritamente convexa
	≥ 0	≥ 0	≥ 0	Convexa
	< 0	> 0	(sinais alternados)	Estritamente côncava
	≤ 0	≥ 0	(sinais alternados)	Côncava

6.3 RESOLUÇÃO POR COMPUTADOR[2]

Um investidor conservador gostaria de formar um portfólio que oferecesse segurança, mas com possibilidades de resgates diários sem perda de rentabilidade. Para tanto, ele estudou os ativos poupança e certificado de depósito bancário (CDB), ambos ativos de renda fixa. Por meio de leituras especializadas em finanças e estatística, ele formou a Tabela 6.3 a seguir.

Tabela 6.3 Cálculo da covariância entre poupança e CDB

Data	CDB (a)	Retorno esperado (b)	Diferença (a − b)	Poupança (d)	Retorno esperado (e)	Diferença (d − e)	Produto das diferenças (a − b) x (d − e)
nov-06	0,69	0,71	−0,02	0,66	0,65	0,01	−0,0001
dez-06	0,71	0,71	0,00	0,68	0,65	0,03	0,0000
jan-07	0,72	0,71	0,01	0,64	0,65	−0,01	−0,0001
fev-07	0,65	0,71	−0,06	0,65	0,65	0,00	0,0002
mar-07	0,77	0,71	0,06	0,72	0,65	0,07	0,0039
abr-07	0,72	0,71	0,01	0,57	0,65	−0,08	−0,0007
mai-07	0,68	0,71	−0,03	0,68	0,65	0,03	−0,0008
jun-07	0,75	0,71	0,04	0,63	0,65	−0,02	−0,0009
Média	0,71			0,65		**Total**	0,00136
DP	0,038			0,044			

A covariância entre os retornos da poupança (R_a) e CDB (R_b) é:

$$\sigma_{AB} = Cov\ (R_a, R_b) = \frac{\sum_{i=1}^{n} (R_{ai} - R_a) \times (R_{bi} - R_b)}{n} = \frac{0,0136}{8} = 0,00017$$

A correlação entre os retornos da poupança (R_a) e CBD (R_b) é:

$$\rho_{AB} = Corr\ (R_a, R_b) = \frac{Cov\ (R_a, R_b)}{\sigma_A \times \sigma_B} = \frac{0,00017}{0,044 \times 0,038} = 0,1017$$

Os valores da covariância e da correlação da poupança e do CDB são positivos. Isso significa que, quando o retorno da poupança for superior à sua média, espera-se que o retorno do CDB também o seja. Quando o retorno da poupança for inferior à sua média, é de se esperar que o retorno do CDB também o seja.

Considerando-se a caderneta de poupança como o piso financeiro brasileiro, o modelo MV equivalente é mostrado a seguir. As variáveis de decisão são as participações dos dois ativos na carteira.

---

[2] Essa seção foi baseada em Abensur (2009).

mín $V = \sigma_1^2 X_1^2 + 2\sigma_{12} X_1 \sigma_2 X_2 + \sigma_2^2 X_2^2 = (0{,}044)^2 X_i^2 + 2(0{,}0017) X_1 X_2 + (0{,}038)^2 X_2^2$

s.a.

$\sum_{i=1}^{N} x_i \mu_i \geq 0{,}65$

$\sum_{i=1}^{N} x_i = 1$

$x_i \geq 0 \quad i = 1, 2, 3, ..., N$

A única diferença da resolução por computador de um problema de PNL em relação a uma PL é a escolha do algoritmo de busca. Em problemas de PL, selecionava-se o LP simplex, enquanto nos de PNL seleciona-se o algoritmo GRG não linear, conforme mostrado na Figura 6.4. Ele analisa o impacto na função objetivo da mudança dos valores das variáveis de decisão. Quando houver uma inversão de tendência (por exemplo, passar de crescer para diminuir), o Solver assume que encontrou um ponto de máximo ou mínimo. Conforme visto anteriormente, dependendo das características da função, este pode ser tanto um extremo global ou local. No caso analisado, temos garantias de que o resultado a ser encontrado é mínimo global.

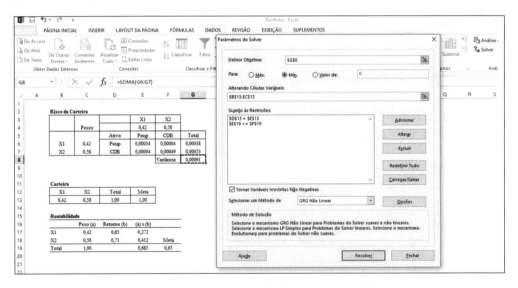

Figura 6.4 Tela com a opção do algoritmo GRG não linear.

A Figura 6.5 mostra uma sugestão de organização da planilha eletrônica para o problema do portfólio. As células B13 e C13 foram reservadas para a solução do Solver. Todos os demais cálculos da planilha são realizados em função dessas células. Conforme mostrado, a carteira ótima é composta por 42% de poupança e 58% de CDB.

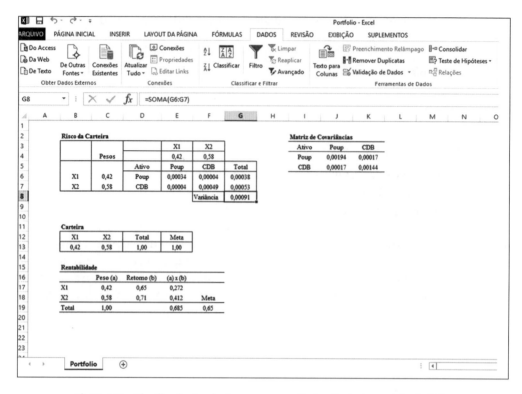

Figura 6.5 Planilha de simulação com os resultados finais do modelo de PNL.

A Figura 6.6 mostra o gráfico do retorno em função do risco das combinações de poupança e CDB e a respectiva fronteira eficiente. Uma das importantes contribuições do trabalho de Markowitz foi a matriz de covariâncias que avalia as influências das variações em pares das variáveis analisadas. Essa contribuição extrapolou a área de finanças, encontrando uso em diferentes setores da ciência.

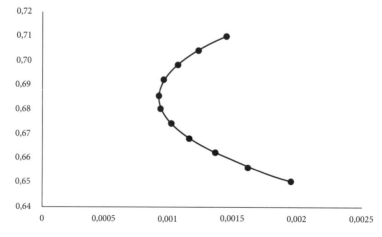

Figura 6.6 Retorno × risco (poupança e CDB).

6.4 TIPOS DE PROBLEMAS DE PROGRAMAÇÃO NÃO LINEAR

Há alguns tipos frequentes de problemas de programação não linear, com restrições, que reúnem as condições necessárias para que o algoritmo usado encontre a solução ótima. A dedução formal dessas condições pode ser vista em Hillier e Lieberman (2006). Em algumas situações, a simples visualização do modelo matemático já é suficiente para identificar esses tipos de problemas.

Há outros casos em que uma mudança na forma de interpretação do problema pode fazer com que este recaia numa estrutura mais fácil para a busca de extremos globais. Os casos apresentados a seguir são exemplos dessas situações.

6.4.1 PROGRAMAÇÕES QUADRÁTICAS

Um problema é dito de programação quadrática se:

a) a função objetivo for uma função quadrática;

b) o conjunto de restrições apresentar somente restrições lineares.

Uma função quadrática admite em sua estrutura termos x_j^2 e $x_i x_j$ $(i \neq j)$; portanto, a formulação da função objetivo será do tipo:

$$f(x_1, x_2, x_3, ..., x_n) = \sum_{i=1}^{n} A_i x_i^2 + \sum_{i=1}^{n-1} \sum_{j=i+1}^{n} B_{ij} x_i x_j + \sum_{i=1}^{n} C_i x_i + D$$

Em geral, independentemente do algoritmo usado, a solução ótima é encontrada sem maiores dificuldades. O problema de seleção de portfólio mostrado nas Seções 6.2 e 6.3 enquadra-se nesta categoria.

6.4.2 PROGRAMAÇÕES CÔNCAVA E CONVEXA

Um problema de PNL é de programação côncava se o modelo for de maximização com a função objetivo côncava e o conjunto de soluções viáveis for um conjunto convexo. Analogamente, se o modelo for de minimização com a função objetivo convexa e o conjunto de soluções viáveis for também um conjunto convexo, o problema de PNL será de programação convexa.

Um conjunto de soluções viáveis de um problema de PNL é um conjunto convexo se:

a) a restrição for do tipo $g_i(x) \leq b_i$ e $g_i(x)$ for uma função convexa;

b) a restrição for do tipo $g_i(x) \geq b_i$ e $g_i(x)$ for uma função côncava.

Se as condições anteriores forem atendidas, há garantias de uma eficiente resolução pelo algoritmo utilizado.

6.4.3 PROGRAMAÇÃO FRACIONÁRIA

Um problema de programação fracionária surge quando a função objetivo é a razão ou fração entre duas funções.

$$\text{máx ou mín } Z = \frac{f(x)}{g(x)}$$

Em geral, este tipo de PNL ocorre com frequência quando se maximiza ou minimiza um indicador de desempenho. A eficiência de um processo produtivo (tempo efetivamente trabalhado sobre tempo disponível), taxa de retorno (lucro sobre capital investido) ou desempenho do portfólio de investimentos (retorno sobre risco) são alguns exemplos práticos.

Um exemplo clássico desta categoria é o modelo denominado *data envelopment analysis* (DEA) ou análise envoltória de dados, criado por Charnes, Cooper e Rhodes (1978). Em linhas gerais, há uma unidade tomadora de decisão, ou *decision making unit* (DMU), que possui *inputs*, ou entradas, que se referem aos insumos empregados; e *outputs*, ou saídas, que se referem à produção obtida. Exemplos de DMU podem ser agências bancárias ou lojas de uma rede de varejo. Será mostrado a seguir o modelo DEA CCR (Charnes, Cooper e Rhodes) com eficiência e retorno constante de escala. Maiores detalhes sobre o DEA podem ser encontrados em Colin (2007).

O modelo fracionário é mostrado a seguir.

$$\text{máx } \theta = \frac{\sum\limits_{i=1}^{s} u_i y_{i0}}{\sum\limits_{i=1}^{s} v_i x_{i0}}$$

Sujeito a:

$$\frac{\sum\limits_{i=1}^{s} u_i y_{ij}}{\sum\limits_{i=1}^{s} v_i x_{ij}} \leq 1 \quad j = \{1, 2, ..., n\}$$

$$u_1, ..., u_s \geq 0$$

$$v_1, ..., v_s \geq 0$$

Em que:

u_i = peso atribuído para a saída i;

y_{ij} = quantidade da saída i da unidade j;

v_i = peso atribuído para a entrada i;

x_{ij} = quantidade da entrada i da unidade j.

Há um limite máximo imposto de eficiência igual a 1 (ou 100%). Assim, para cada DMU, é calculado o conjunto ótimo de pesos que maximizem a medida de desempenho θ. Para cada DMU, é formulado um problema de otimização. Portanto, considerando-se x_{io} e y_{io} as entradas e saídas da DMU 0 (DMU de referência), é possível converter o problema fracionário original na seguinte formulação linear:

$$\text{máx } \theta = \sum_{i=1}^{s} u_i y_{i0}$$

Sujeito a:

$$\sum_{i=1}^{m} v_i x_{i0} = 1$$

$$\sum_{i=1}^{s} u_i y_{ij} \leq \sum_{i=1}^{m} v_i x_{ij}$$

$$u_1, ..., u_s \geq 0$$

$$v_1, ..., v_s \geq 0$$

Uma mudança na maneira de interpretar o funcionamento da eficiência de cada DMU em relação a uma medida de desempenho de referência possibilitou o ajuste do modelo fracionário original para um modelo linear. Sendo o modelo linear, a busca e obtenção de uma solução ótima está garantida. Os modelos dessa categoria são denominados programação fracionária linear.

Quando o problema não possuir as características dos tipos apresentados nesta seção, ele se enquadra como programação não convexa. Não há um método-padrão que possa ser empregado para todo tipo de problema não convexo. No entanto, uma maneira prática de obter resultados candidatos a máximos e mínimos globais é simular aleatoriamente vários pontos de partidas e colher o melhor dos resultados encontrados. Uma vantagem desse procedimento é poder usar os algoritmos de resolução de problemas convexos como o GRG. Uma desvantagem é que ele se torna pouco operacional para problemas de larga escala com muitas variáveis.

Como exemplo, analisemos a maximização da seguinte função:

$$Z = 0,1x^5 - 1,2x^4 + 4,9x^3 - 7,8x^2 + 4x \ (0 \leq x \leq 5)$$

O gráfico obtido pelo *software* Mathematica dessa função no intervalo definido é mostrado na Figura 6.7 a seguir. Há pontos de máximo e mínimo locais e globais. Se configurarmos o Solver do Excel para maximizar essa função, acharemos os seguintes resultados: a) $x = 0,371$ e $Z = 0,639$ $(0 \leq x \leq 5)$; e b) $x = 3,126$ e $Z = 1,226$ $(2 \leq x \leq 5)$. O algoritmo GRG para na primeira inversão de tendência, o que pode nos levar a selecionar um máximo local. Impondo outros pontos de partida, obtivemos um resultado superior para o intervalo definido.

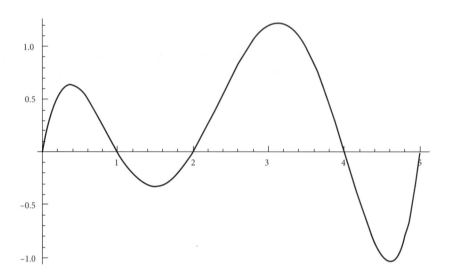

Figura 6.7 Gráfico da função analisada.

6.5 APLICAÇÕES EM ENGENHARIA DE PRODUÇÃO

6.5.1 ARBITRAGEM CAMBIAL

As atividades clássicas de trocas de moedas (câmbio), sob a ótica das instituições financeiras, compreendem operações de compra (exportação) ou venda (importação) de moeda estrangeira também denominadas câmbio comercial. Há ainda as atividades que compreendem operações financeiras puras de trocas de moedas. Um exemplo simples de operação cambial financeira é a compra de moeda (em geral, dólares americanos ou euros) por um cliente para uma viagem internacional.

No entanto, as operações financeiras podem envolver situações mais complexas, com cálculos mais sofisticados, em que uma instituição visualiza uma vantagem em relação às taxas de câmbio envolvidas em determinado momento nos mercados de negociação (arbitragem) e passa a operar (comprar e vender) em várias moedas.

Para fins didáticos, o modelo desenvolvido e apresentado nesta seção foi testado com dados apresentados por Taha (2008). Ele é voltado para instituições financeiras conservadoras que não admitem operações em descoberto, ou seja, sem a posse da moeda estrangeira. Uma corretora possui em tesouraria US$ 5 milhões que podem ser trocados por euros (€), libras esterlinas (£), ienes (¥) e dinares do Kuwait (KD). Os operadores de câmbio estabeleceram os seguintes limites para a quantidade trocada em uma única transação: US$ 5 milhões, € 3 milhões, £ 3,5 milhões, ¥ 100 milhões e KD 2,8 milhões. A Figura 6.8 a seguir mostra as taxas de câmbio típicas do mercado à vista de um certo dia.

Programação não linear

Tabela 6.4 Matriz de taxas de conversão

Moeda	1 US$	2 €	3 Libra	4 Iene	5 KD
US$	1,000	0,769	0,625	105,000	0,342
€	1,300	1,000	0,813	137,000	0,445
Libra	1,600	1,230	1,000	169,000	0,543
Iene	0,010	0,007	0,006	1,000	0,003
KD	2,924	2,247	1,842	312,500	1,000

É possível aumentar o estoque de US$ fazendo as moedas circularem pelo mercado de câmbio?

A intenção é fazer um passeio com todo o estoque inicial de US$. Durante o trajeto, pode haver paradas (trocas) em todas ou algumas das moedas apresentadas. O melhor caminho será aquele que conduzir à melhor combinação de taxas (produtória) para que haja um aumento do estoque inicial da moeda ao voltar ao ponto de partida (US$). A união de cada trecho do caminho marcado por paradas define o caminho ótimo. Portanto, o modelo apresentado a seguir é uma combinação dos conceitos de roteirização e PD e não difere em essência dos modelos de roteirização apresentados, a não ser pela função objetivo ser não linear.

Em termos de grafo, os nós representam as moedas e os arcos carregam as taxas de conversão da moeda de origem para a moeda de destino (t_{ij}) em cada trecho do caminho, conforme mostrado na Figura 6.8 a seguir. Se o arco x_{ij} pertencer ao caminho ótimo, ele terá valor igual a 1, caso contrário, 0.

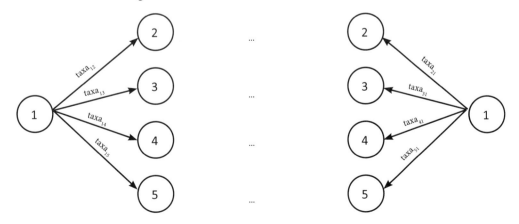

Figura 6.8 Rede simplificada do problema cambial.

O modelo matemático desenvolvido é apresentado a seguir.

máx $Z = \prod x_{ij} t_{ij}$ Maximizar a taxa cambial combinada

Sujeito a:

$\sum_{j=1}^{N} x_{ij} - \sum_{j=1}^{N} x_{ji} = 0 \qquad i = 1, ..., n$ Restrição do equilíbrio dos nós

$x_{ij} + x_{ji} \leq 1 \qquad \forall (i, j)$ Restrição de refluxo

$\sum_{k=1}^{N} y_k \leq N$ Restrição de n. máximo de trocas

$\sum_{i,j \in S} x_{ij} \leq |S| - 1 \qquad \forall\, S \subset N$ Restrição de circuito ilegal para n-1 vértices

$50000000 x_{12} t_{12} \leq 300000$ Limite de transação para euros

$50000000 x_{13} t_{13} \leq 350000$ Limite de transação para libras

$50000000 x_{14} t_{14} \leq 100000000$ Limite de transação para ienes

$50000000 x_{15} t_{15} \leq 2800000$ Limite de transação para KD

$x_{ij} \in \{0,1\}$ Restrição valor inteiro e binário

A Figura 6.9 a seguir apresenta uma proposta de estrutura para a resolução do problema no Excel Solver. É recomendável evitar trocas seguidas improdutivas (por exemplo, de 1-2 e 2-1) entre as mesmas moedas, conforme descrito no modelo matemático. Os limites de conversão para cada moeda foram assumidos na primeira troca. A melhor solução encontrada foi: a) trocar US$ por KD; b) trocar KD por ¥ e c) trocar ¥ por US$. O estoque final em US$ foi de 5.089.285,71.

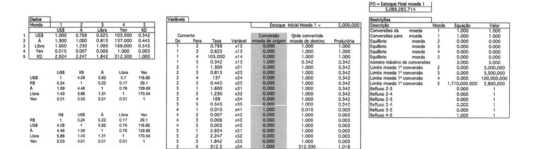

Figura 6.9 Resolução do problema.

Programação não linear

EXERCÍCIOS

1. Avalie a convexidade das funções a seguir. Utilize um recurso gráfico computadorizado e visualize os pontos de inflexão para as alternativas marcadas com asterisco dentro dos limites indicados.

a) $5x - x^2$

b) $x^3 + x + 1$

*c) $x^3 - 9x^2 - 48x + 52$ $[-10 \leq x \leq 10]$

*d) $3x^5 - 5x^3$ $[-2 \leq x \leq 2]$

e) $-x_1^2 + x_1x_2 + x^2$

f) $x_1^2 + 2x_1x_2 + 3x^2$

g) $5x_1x_2$

h) $x_1x_2 + x_3^2$

2. Pretende-se localizar e dimensionar fábricas para atender a 4 mercados (São Paulo, Rio de Janeiro, Minas Gerais, Pernambuco), havendo 3 locais viáveis (São Paulo, Salvador, Uberlândia). Para os locais, têm-se os seguintes custos fixos anuais de amortização de instalação e operação (CI), custos unitários de produção (CP) e custos de transporte (CT).

Mercado	Custos	Local			Demanda
		SP	SA	UB	
SP	CT	500	600	900	4.000
RJ	CT	700	400	800	3.000
PE	CT	1.000	800	300	5.000
MG	CT	800	700	500	2.000
	CP	50.000	48.000	51.000	
	CI	100.000.000	120.000.000	90.000.000	

Obtenha a localização ótima e a capacidade das fábricas para as seguintes situações:

a) capacidade irrestrita para as fábricas;

b) capacidade das fábricas limitada a: SP (12.000), SA (5.000) e UB (10.000).

3. (Baseado em ABENSUR, 2009) Um investidor possui a série histórica de rendimentos de dois fundos de investimentos apresentados na tabela a seguir. Faça uma recomendação de portfólio de investimento entre os dois ativos com base na relação risco-retorno (construir o gráfico retorno × desvio-padrão) e com meta de rentabilidade não inferior ao 1,63% am.

Mês	Fundo Renda Fixa (%)	Fundo DI (%)
Mai/2002	1,1619	0,2828
Jun	0,6091	1,1454
Jul	1,1905	1,0748
Ago	1,6208	1,0860
Set	0,8073	1,3026
Out	1,4066	1,5251
Nov	1,5870	1,5660
Dez	2,0319	1,8227
Jan/2003	2,2157	1,9576
Fev	1,7415	1,7513
Mar	1,8925	1,7256
Abr	1,8330	1,8259
Mai	2,0066	1,9284

Nota: rendimentos mensais de dois fundos.

4. (Baseado em ABENSUR, 2009) Um investidor possui a série histórica de rendimentos líquidos de quatro ativos financeiros apresentados na tabela a seguir.

Programação não linear

Mês	Poupança (%)	CDB (%)	Fundo DI* (%)	Ação (%)
Nov	0,66	0,69	0,73	-0,67
Dez	0,68	0,71	0,65	1,77
Jan/2007	0,64	0,72	0,71	6,55
Fev	0,65	0,65	0,63	-5,52
Mar	0,72	0,77	0,62	-0,53
Abr	0,57	0,72	0,75	6,07
Mai	0,68	0,68	0,59	6,99
Jun	0,63	0,75	0,57	0
Retorno esperado	0,65	0,71	0,66	1,83
Variância	0,0017	0,0013	0,0039	17,0095
Desvio-padrão	0,0412	0,0359	0,0622	4,1243

* 2,5% de taxa de administração.

Faça uma recomendação de portfólio de investimento entre os quatro ativos com base na relação risco-retorno para as seguintes situações:

a) com meta de rentabilidade não inferior à do Fundo DI;

b) com meta de rentabilidade não inferior à do CDB;

c) com meta de rentabilidade não inferior à do Fundo DI e concentração máxima de até 50% em cada ativo.

5. O modelo de lote econômico é dado pela seguinte expressão:

$$\text{Custo total } (CT) = D \cdot C + \frac{D}{Q} S + \frac{Q}{2} C_m$$

Em que:

D = demanda anual do produto;

C = custo unitário do produto;

Q = tamanho do lote (unidades por pedido);

S = custo unitário do pedido;

C_m = custo anual unitário de manutenção do produto em estoque.

Uma empresa deseja diminuir seu estoque de lâmpadas LED. O custo unitário do produto é de R$ 10,00, o custo anual unitário de manutenção do estoque é de R$ 1,00 e o custo unitário do pedido é de R$ 2,00. Encontre o lote econômico para atender a uma demanda anual de 10 mil lâmpadas usando:

a) cálculo diferencial;

b) Solver do Excel.

6. Uma empresa produz vidros, incluindo janelas e portas de vidro. Ela tem 3 fábricas. Na Fábrica 1, são feitas as esquadrias e ferragens de alumínio; as esquadrias de madeira são feitas na Fábrica 2; e a Fábrica 3 é usada para produzir o vidro e montar os produtos.

Por questões financeiras, a empresa decidiu reformular sua linha de produtos. Um dos novos produtos (produto 1) é uma porta de vidro de 2,50 m com esquadria de alumínio. O outro produto (produto 2) é uma janela (1,2 m × 1,5 m) de duas folhas e esquadria de madeira. Ambos os produtos disputam a capacidade de produção da Fábrica 3 (HILLIER; LIEBERMAN, 2006).

Depois de alguma investigação, determinou-se a seguinte formulação para o problema analisado, considerando-se $x1$ e $x2$ como as quantidades a serem produzidas de cada produto:

máx $Z = 3x_1 + 5x_2$ (maximizar o lucro)

Sujeito a:

$4x_1^2 + 9x_2^2 \leq 144$ (capacidade da Fábrica 3)

$x_1 \leq 4$ (capacidade da Fábrica 1)

$2x_2 \leq 12$ (capacidade da Fábrica 2)

$x_1, x_2 \geq 0$

Determine os valores de x_1 e x_2 que maximizem o lucro da empresa.

CAPÍTULO 7
SISTEMAS DE FILAS

A qualidade perfeita tem um custo infinito.
Olavo Setúbal

A frase acima, proferida a um grupo de estagiários pelo ex-presidente executivo do conglomerado Itaú, reflete com clareza o conflito pela busca do equilíbrio entre a qualidade do serviço oferecido ao usuário e a viabilidade econômica para o provedor do serviço, conforme também mostra a Figura 7.1 a seguir. Os custos totais crescem com o aumento da eficiência de atendimento aos usuários.

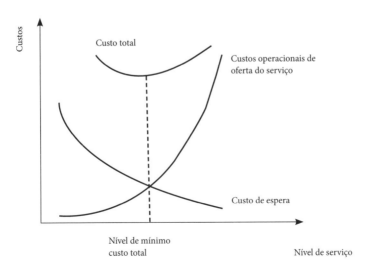

Figura 7.1 Relação entre nível de serviço e custo total.

A fila é consequência de um desequilíbrio ou descompasso entre dois agentes: (i) a capacidade de atendimento oferecida pelo provedor do serviço; e (ii) a demanda de seus usuários.

Embora seja geralmente associada a um efeito maléfico, a fila representa um importante papel na gestão de operações de serviços, pois, em muitos casos, seria impraticável a oferta de uma infraestrutura suficiente para atender à procura de todos os usuários (ABENSUR et al., 2003).

Exemplos de sua presença estão em várias atividades, como: centrais de atendimento telefônico (*call centers*), postos de lavagem de carros, caixas de supermercado, sequência de tarefas em uma máquina, caixas humanos e eletrônicos em agências bancárias, refeitórios, aeroportos, pedágios etc. Em geral, os usuários relacionam o tempo gasto na fila com a organização e eficiência da empresa.

Em termos mais técnicos, os sistemas de filas fazem parte de um ramo da probabilidade que estuda a formação de filas por meio de modelos matemáticos precisos e propriedades mensuráveis das filas.

Os modelos de filas oferecem a possibilidade de prever o comportamento de um sistema que oferece serviços cuja demanda cresce de maneira aleatória, permitindo quantificá-lo de modo a satisfazer a qualidade exigida por seus clientes e ser economicamente viável para o provedor do serviço, evitando ineficiências e gargalos.

Em geral, as filas são ocupadas pelos usuários que se deslocam até os locais físicos de prestação de serviços (por exemplo, supermercados, bancos, postos de gasolina, farmácias). No entanto, em algumas situações, há o deslocamento do prestador de serviço até o local onde estão os usuários, resultando em filas espacialmente dispersas (por exemplo, ambulâncias, bombeiros, viaturas policiais).

Figura 7.2 Exemplos de filas.

7.1 CONCEITO, CLASSIFICAÇÃO E TERMINOLOGIA

Há várias abordagens sobre sistemas de filas, e uma delas é a de Bronson (1985), que caracterizou os sistemas de filas como formados por cinco componentes:

1) O modelo de chegada dos usuários.

Define o tempo entre chegadas sucessivas de usuários ao local (físico ou virtual) de prestação de serviços.

As chegadas podem apresentar as seguintes características:

- Previstas: os usuários chegam conforme um padrão conhecido. Exemplo: agendamento de renovação da carteira de motorista nos postos estaduais do Detran.
- Aleatórias: quando as chegadas são independentes umas das outras e suas ocorrências não podem ser previstas com exatidão. Exemplo: distribuição das chegadas a uma agência bancária.

Com relação ao tamanho da população de origem dos usuários, as chegadas podem ser:

- Infinitas: quando o número de chegadas no sistema, em certo momento, representa uma parcela ínfima do potencial possível. Exemplo: chegadas de carros a um pedágio.
- Finitas: há um número limitado de potenciais usuários do serviço. Exemplo: assistência técnica para oito copiadoras de uma faculdade.

Com relação ao comportamento dos usuários no sistema, pode-se ter:

- Paciente: ou sem desistência. Exemplo: fila pela comida num campo de refugiados ou fila de transplante de órgãos.
- Sem paciência: ou com desistência. Exemplo: fila de caixa bancário.

2) O modelo de serviço.

É normalmente especificado segundo o tempo requerido para prestar o serviço ao usuário. Ele pode ser dividido em:

- Constante: leva-se a mesma quantidade de tempo para atender cada cliente. Exemplo: tempo de lavagem de carro em posto de lavagem automática.
- Estocástico ou probabilístico: não há condições de prever com exatidão o tempo de atendimento. Exemplo: tempo para solução de uma ocorrência de assistência técnica.

3) O número de atendentes.

Representa a oferta simultânea de pessoas ou equipamentos disponíveis.

4) A capacidade do local de atendimento (físico ou virtual) para atender usuários.

É o número máximo de usuários, tanto aqueles sendo atendidos quanto aqueles na(s) fila(s), permitidos simultaneamente no local (físico ou virtual) de prestação de serviços.

5) A ordem em que os usuários são atendidos.

A fila pode apresentar as seguintes características:

- Ilimitada: quando, por razões físicas ou legais, o seu comprimento pode ser aumentado irrestritamente. Exemplo: fila de um pedágio de carros.
- Limitada: há um número limitado de potenciais usuários do serviço. Exemplo: fila de espera num consultório médico.

Com relação às regras de atendimento dos usuários, pode-se ter:

- FCFS: atendimento por ordem de chegada (o primeiro que chega é o primeiro a ser atendido). Exemplo: regra de consumo dos estoques.
- Prioridade: atendimento de acordo com algum critério de precedência. Exemplo: atendimento a idosos ou gestantes em filas.

As filas podem ser classificadas conforme ilustra a Figura 7.3 a seguir. Os usuários chegam aleatoriamente e são organizados em filas conforme o tipo de atendimento. O atendimento se diferencia pelo número de fases ou estágios pelos quais passam os usuários.

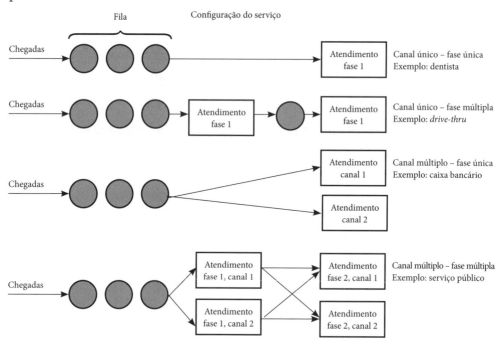

Figura 7.3 Classificação de filas. Fonte: adaptada de Heizer e Render (2001).

Em geral, usa-se a notação de Kendall-Lee, composta por seis características que consideram um sistema de fila única com um ou mais atendentes ou servidores idênticos em paralelo, como o primeiro e terceiro sistemas da Figura 7.3. Os seis símbolos são: A/S/m/K/N/Q, em que:

Sistemas de filas **141**

- A: distribuição dos tempos entre as chegadas (processo de chegadas);
- S: distribuição dos tempos de serviço (tempo de atendimento);
- m: número de atendentes (canais ou servidores);
- K: capacidade do sistema;
- N: tamanho da população (finita ou infinita);
- Q: disciplina de atendimento (FCFS, prioridade).

Geralmente, os três últimos símbolos são omitidos, considerando-os como capacidade ilimitada, população infinita e FCFS. Exemplo: M/M/1, em que:

- M: chegada aleatória de usuários;
- M: tempo de atendimento aleatório;
- 1: um canal de atendimento ou um atendente.

A Tabela 7.1 a seguir mostra uma relação mais completa dos possíveis usos dos símbolos na notação Kendall-Lee.

Tabela 7.1 Notação Kendall-Lee

Característica	Tipo	Símbolo
Distribuição dos tempos de chegada	Exponencial/Poisson	M
	Uniforme	U
	Geral	G
	Erlang	E_k
	Hiperexponencial	H_k
Distribuição dos tempos de serviço	Exponencial/Poisson	M
	Uniforme	U
	Geral	G
	Erlang	E_k
	Hiperexponencial	H_k
Número de canais ou servidores	Único	1
	Duplo	2
	Três	3
	...	...
	Múltiplos	S
Capacidade do sistema	Finito	
	1	1
	2	2
	...	...
	N	N
	Infinito	∞
Tamanho da população	Finita	
	1	1
	2	2
	...	...
	1.000	1.000
	Infinita	∞
Disciplina de atendimento	FIFO ou PEPS	FIFO
	LIFO ou UEPS	LIFO
	Prioridade preemptiva	PP
	Prioridade não preemptiva	PNP
	Round-robin	RR

Lei de Little

Desenvolvida por Little (1961), esta lei relaciona o número de clientes no sistema com o tempo médio despendido nele. O número de clientes no sistema pode ser entendido por analogia à Física pela fórmula de espaço médio obtida pela multiplicação da velocidade média pelo tempo ($S = \Delta V \times \Delta T$), ou seja, a quantidade média de clientes seria o resultado da taxa de chegada dos usuários (ΔV) vezes o tempo médio de atendimento (ΔT).

$$Q_i = \lambda_i R_i$$

Em que:

Q = número médio de usuários;

λ = taxa de chegada de usuários;

R = tempo médio de resposta (atendimento + espera).

A lei de Little se aplica sempre que o número de chegadas for igual ao número de saídas (sistema em equilíbrio) e é válida para qualquer processo de chegada (A), processo de serviço (S), número de atendentes (m) e disciplina de fila (Q).

Medidas de desempenho

As principais medidas de desempenho obtidas pelos modelos de filas são:

- probabilidade de um número específico de clientes estarem no sistema (P_n);
- número médio de clientes esperados no sistema (L);
- comprimento de fila esperado (L_q);
- tempo do cliente no sistema, que compreende o serviço mais o tempo de fila (W);
- tempo do cliente na fila (W_q);
- fator de utilização ou ocupação do sistema (ρ).

As relações fundamentais entre L, W, L_q e W_q são:

$$L = \lambda W$$

$$L_q = \lambda W_q$$

$$W = W_q + 1/\mu \text{ (para tempo médio de serviço constante)}$$

A maioria das análises de sistemas de filas apoia-se na premissa de que as taxas de chegada (λ) e de atendimento (μ) não variam durante o horizonte de análise, ou seja, baseiam-se no comportamento médio de longo prazo do sistema, o qual é alcançado após um tempo considerável de operação. Após atingir esse tempo de serviço, o sistema é considerado em equilíbrio.

Sistemas de filas

7.2 PROBABILIDADE APLICADA AOS SISTEMAS DE FILAS

Os eventos dos sistemas de filas relacionados aos intervalos de tempo entre as chegadas dos usuários e aos tempos de atendimento são geralmente considerados aleatórios e independentes. Essas características permitem a abordagem e quantificação dos sistemas de filas pela aplicação de apropriadas distribuições de probabilidade.

As distribuições de probabilidade conhecidas são teóricas e matematicamente estruturadas a partir da idealização de determinadas situações de interesse. Portanto, as distribuições de probabilidade são, por natureza, aproximações dos eventos analisados. Em sistemas reais, essas distribuições podem assumir um formato qualquer, ser uma combinação de várias distribuições ou mesmo serem de impossível descrição analítica, dada a enorme volatilidade e dinâmica do sistema em estudo. Em particular, as distribuições exponencial e de Poisson representam um importante papel operacional nos sistemas de filas.

Uma variável aleatória contínua X que possui todos os valores não negativos terá uma distribuição exponencial negativa com parâmetro $\alpha > 0$, se sua função densidade de probabilidade (fdp) for dada por (MEYER, 1982):

$$f(x) = \begin{cases} \alpha e^{-\alpha x} & se\ x > 0 \\ 0 & se\ x \leq 0 \end{cases}$$

Entre as propriedades da distribuição exponencial, tem-se:

a) A probabilidade acumulada de X é dada por:

$$F(x) = P(X \leq x) = \begin{cases} \int_0^x \alpha e^{-\alpha t}dt = 1 - e^{-\alpha t} & se\ x \geq 0 \\ 0 & se\ x < 0 \end{cases}$$

b) O valor esperado de X é igual a:

$$F(x) = \int_0^\infty x \alpha e^{-\alpha x}dx = \frac{1}{\alpha}$$

Este resultado pode ser obtido fazendo uma integração por partes:

$$\int_0^\infty x\alpha e^{-\alpha x}dx \Rightarrow \mu = x \qquad du = 1; v = \alpha e^{-\alpha x} \qquad dv = \alpha^2 e^{-\alpha x}$$

$$\int_0^\infty x\alpha e^{-\alpha x}dx = uv - \int_0^\infty x\alpha e^{-\alpha x}dx = x\alpha e^{-\alpha x}\frac{e^{-\alpha x}}{\alpha} = e^{-\alpha x}\left[\alpha x - \frac{1}{\alpha}\right]$$

$$\Rightarrow 0 - e^0\left[0 - \frac{1}{\alpha}\right] = -\left[0 - \frac{1}{\alpha}\right] = \frac{1}{\alpha}$$

c) A variância de X é igual a:

$$V(X) = E(X^2) - [E(X)]^2 = \frac{1}{\alpha^2}$$

d) Considerando-se para quaisquer $s, t > 0, P(X > s + t/X > s)$, tem-se:

$$P(X > s + t/X > s) = \frac{P(X > s + t)}{P(X > s)} = \frac{e^{-\alpha(s+t)}}{e^{-\alpha s}} = e^{-\alpha t}$$

Portanto:

$$P(X > s + t/X > s) = P(X > t)$$

Dessa maneira, pela propriedade (d), a distribuição exponencial apresenta a propriedade de "não possuir memória", ou seja, ela independe do que tenha ocorrido antes. Para intervalos entre as chegadas, essa propriedade replica o fato de que a próxima chegada é independente da última. Em termos de tempos de atendimento, ela significa o mesmo; no entanto, isso é válido para atendimentos iniciados e terminados em uma única fase. Isso não pode ser entendido para atendimentos realizados em múltiplas fases ou em várias tentativas. Como exemplo, um atendimento técnico para reparo de um equipamento pode exigir várias visitas do técnico ao local, implicando que o tempo remanescente para conclusão do atendimento é dependente das tentativas (visitas) anteriores.

Por sua vez, a distribuição de Poisson expressa a contagem do número de vezes que um evento ocorre em um determinado intervalo. O intervalo pode ser tempo, área ou volume. A probabilidade de que o evento ocorra é a mesma para cada intervalo, e o número de ocorrências em um intervalo independe do número de ocorrências em outros intervalos (LARSON; FARBER, 2007). A probabilidade de que haja exatamente k ocorrências em um intervalo é:

$$P(X = k) = \frac{\alpha^k e^{-\alpha}}{k!}$$

Em que α é o número médio de ocorrências por intervalo unitário. Os valores esperados e a variância são dados por:

$$E(x) = \alpha \text{ e } V(x) = \alpha$$

Uma importante relação entre a distribuição exponencial e a de Poisson revela que se o intervalo de tempo X entre chegadas tem distribuição exponencial com média

Sistemas de filas

$E(X) = 1/\alpha$ por unidade de tempo, então o número de chegadas durante o intervalo de 0 a t possui distribuição de Poisson com média $E(N(t)) = \alpha t$.

As estimativas das taxas de chegada (λ) e de atendimento (μ) são imprescindíveis para a formulação dos modelos matemáticos dos sistemas de filas. Por causa de suas características, as distribuições teóricas de probabilidade exponencial e de Poisson são de grande importância para a gestão dos provedores de sistemas baseados em filas.

7.3 SISTEMA M/M/1

Conforme descrito, o sistema M/M/1 é um sistema monoestágio composto por um atendente ou servidor que atende uma fila única. As chegadas são aleatórias (independentes), com intervalos de tempo exponencialmente distribuídos com média $E(X) = 1/\lambda$, e tempos de atendimento ou de serviço também aleatórios e exponencialmente distribuídos com média $E(S) = 1/\mu$. Admite-se uma população de origem dos usuários infinita, capacidade ilimitada do sistema e disciplina de fila FCFS (ou qualquer outra disciplina que ordene os usuários de modo independente do tempo de serviço). Esse tipo de sistema é muito comum em pequenas instalações de prestação de serviços ou em subdivisões do conjunto total de atendimento (por exemplo, farmácias, minimercados, máquina gargalo de produção).

As fórmulas para as principais medidas de desempenho desse sistema de fila são:

$$L = \frac{\lambda}{\mu - \lambda} \qquad \text{= número médio de usuários no sistema}$$

$$L_q = \frac{\lambda^2}{\mu(\mu - \lambda)} \qquad \text{= número médio de usuários na fila}$$

$$W = \frac{1}{\mu - \lambda} \qquad \text{= tempo médio do usuário no sistema}$$

$$\rho = \frac{\lambda}{\mu} \qquad \text{= fator de utilização do sistema}$$

$$P_0 = 1 - \frac{\lambda}{\mu} \qquad \text{= probabilidade de 0 usuários no sistema (ociosidade)}$$

$$P_n = \rho^n(1 - \rho) \qquad \text{= probabilidade de haver } n \text{ usuários no sistema}$$

Algumas dessas fórmulas podem ser intuitivamente compreendidas. A ocupação (ρ) do sistema é naturalmente entendida como a razão entre a taxa média de chegadas dos usuários e a taxa média de atendimento deles. Se chegam 2 usuários por hora e há capacidade para atendê-los a uma taxa de 4 por hora, espera-se uma ocupação média de 50% (2/4) desse sistema.

Da mesma maneira, a probabilidade de haver 0 (zero) usuários no sistema, ou seja, de o sistema estar desocupado ou ocioso, é obtida naturalmente pela propriedade complementar da probabilidade. Se a taxa de utilização ou ocupação do sistema é λ/μ, então a probabilidade de não acontecer nada disso, ou seja, de não haver usuários no sistema, é $1 - \lambda/\mu$.

As demais fórmulas não são intuitivas. A seguir, é apresentada a demonstração matemática formal das fórmulas das medidas de desempenho L e L_q.

$$P = \frac{\lambda}{\mu} = \rho$$

$$P_n = P_0 \left(\frac{\lambda}{\mu}\right)^n = (1 - \rho)\, \rho^n$$

O número médio de clientes esperados no sistema (L) é resultado da ponderação pela probabilidade de haver N {0,1,2,3, ...∞} usuários no sistema. Logo:

$$L = nP_n = n(1 - \rho)\, \rho^n$$

$$L = \sum_{n=0}^{\infty} nP_n = \sum_{n=0}^{\infty} n(1 - \rho)\, \rho^n$$

Desenvolvendo a expressão anterior, tem-se:

$$L = 0 + (1 - \rho)\,\rho + 2\,(1 - \rho)\,\rho^2 + 3\,(1 - \rho)\,\rho^3 + \dots$$

$$L = 0 + \rho - \rho^2 + 2\rho^2 - 2\rho^3 + 3\rho^3 - 3\rho^4 + 4\rho^4 + \dots$$

$$L = \rho + \rho^2 + \rho^3 + \rho^4 + \dots = \sum_{n=1}^{\infty} \rho^n$$

$$L = \sum_{n=1}^{\infty} \rho^n$$

As séries geométricas do tipo apresentado são convergentes para razão (r) < 1. Lembrando que tratamos de sistemas em equilíbrio, que ele só é possível neste caso para $\rho < 1$ e que a soma dos termos de uma progressão geométrica (PG) convergente é dada a seguir, então, tem-se:

$$\sum_{n=1}^{\infty} ar^{n-1} \qquad |r| < 1 \qquad \text{soma} = \frac{\alpha_1}{1 - r}$$

$$L = \frac{\rho}{1 - \rho} = \frac{\dfrac{\lambda}{\mu}}{1 - \dfrac{\lambda}{\mu}} = \frac{\dfrac{\lambda}{\mu}}{\dfrac{\mu - \lambda}{\mu}} = \frac{\lambda}{\mu - \lambda}$$

Sistemas de filas **147**

Para a demonstração da fórmula de L_q, deve-se lembrar que no sistema M/M/1 pode haver no máximo um usuário em atendimento e, portanto, tem-se um usuário a menos na fila.

$$L_q = \sum_{n=0}^{\infty} (n-1)P_n = \sum_{n=0}^{\infty} (n-1)(1-\rho)\,\rho^n = 0 + (1-\rho)\,\rho^2 + 2(1-\rho)\,\rho^3 + 3(1-\rho)\,\rho^4 + \ldots$$

$$L_q = \sum_{n=0}^{\infty} n\,(1-\rho)\,\rho^n$$

Tabela 7.2 L e L_q em função do número de usuários N

N	L	L_q	$L - L_q$
0	0	-	-
1	$(1-\rho)\rho$	0	$(1-\rho)\rho$
2	$2(1-\rho)\rho^2$	$(1-\rho)\rho^2$	$(1-\rho)\rho^2$
3	$3(1-\rho)\rho^3$	$2(1-\rho)\rho^3$	$(1-\rho)\rho^3$
...			

$$L - L_q = \sum_{n=1}^{\infty} (1-\rho)\,\rho^n = PG \Rightarrow soma = \rho$$

$$L - L_q = \rho$$

$$L_q = L - \rho = \frac{\rho}{1-\rho} - \rho = \frac{\rho^2}{(1-\rho)} = \frac{\lambda^2}{\mu(\mu-\lambda)}$$

Oficina mecânica[1]

Uma certa oficina mecânica possui um mecânico que é capaz de instalar novos silenciadores a uma média de 3/hora conforme uma distribuição exponencial. Clientes demandam esse serviço a uma taxa de 2/hora conforme uma distribuição de Poisson. Os clientes são atendidos de acordo com a regra FCFS e sua população pode ser considerada infinita. Determinar as medidas de desempenho deste sistema e qual a probabilidade de haver 3 carros na oficina.

λ = 2 carros chegam por hora

μ = 3 carros atendidos por hora

---

[1] Este exercício foi baseado em Heizer e Render (2001).

$$L = \frac{\lambda}{\mu - \lambda} = \frac{2}{3-2} \qquad = 2 \text{ carros em média na oficina}$$

$$L_q = \frac{\lambda^2}{\mu(\mu - \lambda)} = \frac{2^2}{3(3-2)} \qquad = 1{,}33 \text{ carros na fila}$$

$$W = \frac{1}{\mu - \lambda} = \frac{1}{3-2} \qquad = 1 \text{ hora em média na oficina}$$

$$W_q = \frac{\lambda}{\mu(\mu - \lambda)} = \frac{2}{3(3-2)} \qquad = 40 \text{ minutos em média de espera por carro}$$

$$\rho = \frac{\lambda}{\mu} = \frac{2}{3} \qquad = 66{,}7\% \text{ de ocupação do mecânico}$$

$$P_0 = 1 - \frac{\lambda}{\mu} = 1 - \frac{2}{3} \qquad = 33{,}3\% \text{ de probabilidade de a oficina estar ociosa}$$

$$P_n = \rho^n(1-\rho) = \left(\frac{2}{3}\right)\left(1-\frac{2}{3}\right) \qquad = 9{,}9\% \text{ de probabilidade de haver 3 carros na oficina}$$

7.4 SISTEMA M/M/1/K

Este sistema difere do anterior pela limitação de K usuários no sistema, resultando num tamanho máximo de fila de $K - 1$ usuários. Esta é uma limitação comum na maioria dos sistemas de fila. Uma sala de autoatendimento bancário com um caixa eletrônico e cujo espaço físico está limitado a K pessoas é um exemplo desse sistema. Outro exemplo seria uma máquina gargalo de produção com capacidade de armazenamento de até K unidades produzidas no local. As fórmulas para as principais medidas de desempenho desse sistema de fila são:

$$L = \begin{cases} \dfrac{\rho}{(1 - \rho)} - \dfrac{(K + 1)\rho^{K+1}}{(1 - \rho^{K+1})} & , \rho \neq 1 \\[4mm] \dfrac{K}{2} & , \rho = 1 \end{cases}$$

$$L_q = \begin{cases} \dfrac{\rho}{(1 - \rho)} - \dfrac{K\rho^{K+1} + \rho}{(1 - \rho^{K+1})} & , \rho \neq 1 \\[4mm] \dfrac{K(K - 1)}{2(K + 1)} & , \rho = 1 \end{cases}$$

$$W = \frac{L}{\bar{\lambda}} \qquad \bar{\lambda} = \lambda\,(1 - P_n)$$

$$W_q = \frac{L_q}{\bar{\lambda}} \qquad \bar{\lambda} = \lambda\,(1 - P_n)$$

$$\rho = \frac{\lambda}{\mu}$$

$$P_0 = \begin{cases} \dfrac{1 - \rho}{1 - \rho^{K+1}} & , \rho \neq 1 \\[3mm] \dfrac{1}{K + 1} & , \rho = 1 \end{cases}$$

$$P_n = \begin{cases} \dfrac{\rho^n(1 - \rho)}{1 - \rho^{K+1}} & , \rho \neq 1,\, n = 0,\,1,\,2,\,...,\,K \\[3mm] \dfrac{1}{K + 1} & , \rho = 1,\, n = 0,\,1,\,2,\,...,\,K \\[3mm] 0 & , n > K \end{cases}$$

Oficina mecânica

Determinar as medidas de desempenho com os mesmos dados do exemplo da oficina mecânica do sistema M/M/1, mas com uma capacidade de ter até 3 carros simultaneamente nas suas dependências. Comparar os resultados obtidos entre os dois sistemas.

$$L = \left\{ \frac{\rho}{(1 - \rho)} - \frac{(K + 1)\rho^{K+1}}{(1 - \rho^{K+1})} \quad , \rho \neq 1 \right\} = 1{,}02 \text{ carros}$$

$$L_q = \left\{ \frac{\rho}{(1 - \rho)} - \frac{K\rho^{K+1} + \rho}{(1 - \rho^{K+1})} \quad , \rho \neq 1 \right\} = 0{,}43 \text{ carros}$$

$$W = \frac{L}{\bar{\lambda}} \qquad \bar{\lambda} = \lambda\,(1 - P_n) \qquad\qquad = 34{,}7 \text{ min}$$

$$W_q = \frac{L_q}{\bar{\lambda}} \qquad \bar{\lambda} = \lambda\,(1 - P_n) \qquad\qquad = 14{,}7 \text{ min}$$

$$\rho = \frac{\lambda}{\mu} \qquad\qquad\qquad = 66{,}7\%$$

$$P_0 = \left\{ \frac{1 - \rho}{1 - \rho^{K+1}} \quad , \rho \neq 1 \right\} \qquad = 41{,}5\%$$

Conforme mostrado na Tabela 7.3, em média, os indicadores do sistema capacitado M/M/1/K apresentam diferenças significativas em relação ao sistema sem capacitação M/M/1. O M/M/1/K, por ter restrições de espaço, apresenta menor número médio de usuários no sistema (L) e na fila (L_q), e o mesmo ocorre com o tempo médio no sistema (W) e de espera em fila (W_q). Por não aceitar chegadas de usuários superiores ao limite de espaço, a probabilidade de estar ocioso (P_0) é maior que no sistema M/M/1.

Tabela 7.3 Comparação dos indicadores dos sistemas de filas

Sistema	ρ	L	L_q	W (mín)	W_q (mín)	P_0
M/M/1	66,7%	2	1,33	60	40	33,3%
M/M/1/3	66,7%	1,02	0,43	34,7	14,7	41,5%

7.5 SISTEMA M/M/m

Neste sistema há um número finito (m) de atendentes ou servidores. Um pedágio com m cabines de cobrança é um exemplo deste modelo. As fórmulas para as principais medidas de desempenho deste sistema de fila são:

$$L = \frac{\lambda\mu\left(\dfrac{\lambda}{\mu}\right)^m}{(m-1)!(m\mu - \lambda)^2}P_0 + \frac{\lambda}{\mu}$$

$$L_q = L - \frac{\lambda}{\mu}$$

$$W = \frac{L}{\lambda}$$

$$W_q = W - \frac{1}{\mu} = \frac{L_q}{\lambda}$$

$$\rho = \frac{\lambda}{m\mu}$$

$$P_0 = \cfrac{1}{\displaystyle\sum_{n=0}^{m-1} \frac{1}{n!}\left(\frac{\lambda}{\mu}\right)^n \Bigg] + \frac{1}{m!}\left(\left(\frac{\lambda}{\mu}\right)^m\right)\frac{m\mu}{m\mu - \lambda}} \qquad para\ m\mu > \lambda$$

$$P_n = \begin{cases} \cfrac{\left(\dfrac{\lambda}{\mu}\right)^n}{n!}\ P_0 & ,\ 0 \le n \le m \\[6mm] \cfrac{\left(\dfrac{\lambda}{\mu}\right)^n}{m!\ m^{n-m}} & ,\qquad n > m \end{cases}$$

Oficina mecânica

A oficina mecânica do exercício do sistema M/M/1 decidiu abrir mais um posto de atendimento e contratou um segundo mecânico. Os novos silenciadores continuam sendo instalados a uma média de 3/hora conforme uma distribuição exponencial. Clientes demandam esse serviço a uma taxa de 2/hora conforme uma distribuição de Poisson e esperam numa fila única um ou os dois mecânicos ficarem livres de acordo com a regra FCFS.

Há vantagens na mudança do sistema de filas para essa oficina mecânica?

$$P_0 = \cfrac{1}{\left[\displaystyle\sum_{n=0}^{m-1} \frac{1}{n!}\left(\frac{\lambda}{\mu}\right)^n\right] + \frac{1}{m!}\left(\left(\frac{\lambda}{\mu}\right)^M\right)\frac{m\mu}{m\mu-\lambda}} = \cfrac{1}{\left[\displaystyle\sum_{n=0}^{1} \frac{1}{n!}\left(\frac{2}{3}\right)^n\right] + \frac{1}{2!}\left(\left(\frac{2}{3}\right)^2\right)\frac{2\times3}{2\times3-2}} = \frac{1}{2} = 0,5$$

$$L = \cfrac{\lambda\mu\left(\dfrac{\lambda}{\mu}\right)^m}{(m-1)!(m\mu-\lambda)^2}\ P_0 + \frac{\lambda}{\mu} = \cfrac{2\times3\left(\dfrac{2}{3}\right)^2}{(2-1)!(2\times3-2)^2}\ \frac{1}{2} + \frac{2}{3} = \frac{3}{4} = 0,75$$

$$L_q = L - \frac{\lambda}{\mu} = \frac{3}{4} - \frac{2}{3} = \frac{1}{12}$$

$$W = \cfrac{\dfrac{3}{4}}{2} = \frac{3}{8}\mathrm{h}$$

$$W_q = \cfrac{\dfrac{1}{12}}{2} = \frac{1}{24}\mathrm{h}$$

Como mostrado na Tabela 7.4, em termos de produtividade e eficiência de atendimento, há relevantes vantagens. A mais expressiva delas é a redução de mais de 90% do tempo de fila (W_q). Essa análise desconsidera dados da viabilidade de custos para implantação do novo sistema.

Tabela 7.4 Comparação dos indicadores dos sistemas de filas

Sistema	ρ	L	L_q	W (mín)	W_q (mín)	P_0
M/M/1	66,7%	2	1,33	60	40	33,3%
M/M/2	33,3%	0,75	0,083	22,5	2,5	50,0%

As premissas dos sistemas M/M/1 e M/M/m são idênticas, com exceção do número de atendentes (m). Seria natural deduzir que o sistema M/M/m converge para o M/M/1 quando há 1 atendente ($m = 1$). Isto acontece, e a seguir é apresentada a dedução para a probabilidade de o sistema M/M/m estar ocioso (P_0) para $m = 1$.

$$P_0 = \frac{1}{\left[\sum_{n=0}^{s-1} \frac{1}{n!} \left(\frac{\lambda}{\mu}\right)^n\right] + \frac{1}{m!} \left(\left(\frac{\lambda}{\mu}\right)^m\right) \frac{m\mu}{m\mu - \lambda}} = \frac{1}{\left[\sum_{n=0}^{0} \frac{1}{0!} \left(\frac{\lambda}{\mu}\right)^0\right] + \frac{1}{1!} \left(\left(\frac{\lambda}{\mu}\right)^m\right) \frac{1\mu}{1\mu - \lambda}} \Rightarrow$$

$$\Rightarrow P_0 = \frac{1}{1 + \dfrac{\lambda}{(\mu - \lambda)}} \Rightarrow \frac{\mu - \lambda}{\mu} \Rightarrow P_0 = 1 - \frac{\lambda}{\mu} = 1 - \rho$$

7.6 SISTEMA M/M/m/K

Neste sistema há um número finito (m) de atendentes ou servidores, mas com capacidade para atender até K usuários, supondo-se $K \geq m$. Um serviço de atendimento hospitalar de emergência com m clínicos gerais de plantão que possui uma sala com capacidade para K pacientes é um exemplo. Outro exemplo é uma empresa de logística com m caminhões com capacidade de transporte de K toneladas. As fórmulas para as principais medidas de desempenho deste sistema de fila são:

$$L_q = \begin{cases} \dfrac{(\rho m)^m \rho}{m!(1 - \rho)^2} \left[1 - \rho^{K-m+1} - (K - m + 1) \rho^{K-m} (1 - \rho)\right] P_0 & , \rho \neq 1 \\[4mm] \dfrac{(\rho m)^m (K - m)(K - m + 1)}{2m!} P_0 & , \rho = 1 \end{cases}$$

$$L = \frac{\bar{\lambda}}{\mu} + L_q$$

$$W = \frac{L}{\bar{\lambda}} \qquad \bar{\lambda} = \lambda(1 - Pn)$$

$$W_q = \frac{L_q}{\bar{\lambda}} \qquad \bar{\lambda} = \lambda(1 - Pn)$$

$$\rho = \frac{\lambda}{m\mu}$$

$$P_0 = \begin{cases} \dfrac{1}{\displaystyle\sum_{n=0}^{m-1} \dfrac{(\rho m)^n}{n!} + \dfrac{(\rho m)^m}{m!} \left(\dfrac{1 - \rho^{K-m+1}}{1 - \rho} \right)} & , \rho \neq 1 \\[4ex] \dfrac{1}{\displaystyle\sum_{n=0}^{m-1} \dfrac{(\rho m)^n}{n!} + \dfrac{(\rho m)^m}{m!}(K-m+1)} & , \rho = 1 \end{cases}$$

$$P_n = \begin{cases} \dfrac{(\rho m)^n}{n!} P_0 & , n = 1, 2, ..., m - 1 \\[3ex] \dfrac{\rho^n m^m}{m!} P_0 & , n = m, m + 1, ..., K \end{cases}$$

Oficina mecânica

Para a mesma oficina mecânica dos exercícios anteriores, determinar os novos indicadores de desempenho considerando-se os mesmos dados, mas com dois mecânicos e uma capacidade de atender até 3 carros. Montar uma tabela resumindo as comparações entre todos os sistemas de filas apresentados.

Tabela 7.5 Comparação dos indicadores dos sistemas de filas

Sistema	ρ	L	L_q	W (mín)	W_q (mín)	P_0
M/M/1	66,7%	2	1,33	60	40	33,3%
M/M/1/3	66,7%	1,02	0,43	34,7	14,7	41,5%
M/M/2	33,3%	0,75	0,083	22,5	2,5	50,0%
M/M/2/3	33,3%	0,68	0,04	1,06	0,06	50,9%

Tabela 7.6 Formulários completos dos sistemas de filas apresentados

M/M/1	M/M/1/K	M/M/m
$L = \dfrac{\lambda}{\mu - \lambda}$ $L_q = \dfrac{\lambda^2}{\mu(\mu - \lambda)}$ $W = \dfrac{1}{\mu - \lambda}$ $W_q = \dfrac{\lambda}{\mu(\mu - \lambda)}$ $\rho = \dfrac{\lambda}{\mu}$ $P_0 = 1 - \dfrac{\lambda}{\mu}$ $P_n = \rho^n(1 - \rho)$	$L = \begin{cases} \dfrac{\rho}{(1 - \rho)} - \dfrac{(K + 1)\rho^{K+1}}{(1 - \rho^{K+1})} & , \rho \neq 1 \\[2ex] \dfrac{K}{2} & , \rho = 1 \end{cases}$ $L_q = \begin{cases} \dfrac{\rho}{(1 - \rho)} - \dfrac{K\rho^{K+1} + \rho}{(1 - \rho^{K+1})} & , \rho \neq 1 \\[2ex] \dfrac{K(K - 1)}{2(K + 1)} & , \rho = 1 \end{cases}$ $W = \dfrac{L}{\bar{\lambda}} \qquad \bar{\lambda} = \lambda(1 - P_n)$ $W_q = \dfrac{L_q}{\bar{\lambda}} \qquad \bar{\lambda} = \lambda(1 - P_n)$ $\rho = \dfrac{\lambda}{\mu}$ $P_0 = \begin{cases} \dfrac{1 - \rho}{1 - \rho^{K+1}} & , \rho \neq 1 \\[2ex] \dfrac{1}{K + 1} & , \rho = 1 \end{cases}$ $P_n = \begin{cases} \dfrac{\rho^n(1 - \rho)}{1 - \rho^{K+1}} & , \rho \neq 1, n = 0, 1, 2, ..., K \\[2ex] \dfrac{1}{K + 1} & , \rho = 1, n = 0, 1, 2, ..., K \\[2ex] 0 & , n > K \end{cases}$	$L = \dfrac{\lambda\mu\left(\dfrac{\lambda}{\mu}\right)^m}{(m - 1)!(m\mu - \lambda)^2} P_0 + \dfrac{\lambda}{\mu}$ $L_q = L - \dfrac{\lambda}{\mu}$ $W = \dfrac{L}{\lambda}$ $W_q = W - W_q = \dfrac{L_q}{\lambda}$ $\rho = \dfrac{\lambda}{m\mu}$ $P_0 = \dfrac{1}{\left[\displaystyle\sum_{n=0}^{m-1} \dfrac{1}{n!}\left(\dfrac{\lambda}{\mu}\right)^n\right] + \dfrac{1}{m!}\left(\left(\dfrac{\lambda}{\mu}\right)^m\right)\dfrac{m\mu}{m\mu - \lambda}}$ $P_n = \begin{cases} \dfrac{\left(\dfrac{\lambda}{\mu}\right)^n}{n!} P_0 & , 0 \leq n \leq m \\[3ex] \dfrac{\left(\dfrac{\lambda}{\mu}\right)^n}{m!\, m^{n-m}} & , n > m \end{cases}$

Fonte: Arenales et al. (2007); Hillier e Lieberman (2006).

Sistemas de filas

M/M/m/K

$$L_q = \begin{cases} \dfrac{(\rho m)^m \rho}{m!(1-\rho)^2}\left[1 - \rho^{K-m+1} - (K-m+1)\,\rho^{K-m}(1-\rho)\right]P_0 & ,\rho \neq 1 \\[2em] \dfrac{(\rho m)^m (K-m)(K-m+1)}{2m!}P_0 & ,\rho = 1 \end{cases}$$

$$L = \frac{\bar{\lambda}}{\mu} + Lq$$

$$W = \frac{L}{\bar{\lambda}} \qquad\qquad \bar{\lambda} = \lambda\,(1 - P_n)$$

$$W_q = \frac{L_q}{\bar{\lambda}} \qquad\qquad \bar{\lambda} = \lambda\,(1 - P_n)$$

$$\rho = \frac{\lambda}{m\mu}$$

$$P_0 = \begin{cases} \dfrac{1}{\left[\displaystyle\sum_{n=0}^{m-1} \dfrac{(\rho m)^n}{n!}\right] + \dfrac{(\rho m)^m}{m!}\left(\dfrac{1-\rho^{K-m+1}}{1-\rho}\right)} & ,\rho \neq 1 \\[3em] \dfrac{1}{\left[\displaystyle\sum_{n=0}^{m-1} \dfrac{(\rho m)^n}{n!}\right] + \dfrac{(\rho m)^m}{m!}\,(K-m+1)} & ,\rho = 1 \end{cases}$$

$$P_n = \begin{cases} \dfrac{(\rho m)^n}{n!}\,P_0 & ,n = 1, 2, ..., m-1 \\[2em] \dfrac{\rho^n m^m}{m!}\,P_0 & ,n = m, m+1, ..., K \end{cases}$$

7.7 APLICAÇÕES EM ENGENHARIA DE PRODUÇÃO

7.7.1 DIMENSIONAMENTO DE PONTOS DE CARREGAMENTO DE COMBUSTÍVEIS[2]

Uma empresa que atua na área de transportes de combustível possui uma base de carregamento em Santo André (SP). A empresa oferece uma variedade de produtos: álcool anidro e hidratado, diesel e gasolina, combustíveis a granel. Eles podem ser carregados em todas as baias de abastecimento, e, para isso, o cliente deve apenas dispor de um caminhão-tanque para retirar seu produto.

A empresa disponibiliza quatro baias de abastecimento *bottom loading* (por baixo do caminhão), um sistema de abastecimento mais eficaz nos quesitos rapidez, praticidade e segurança. As filas são separadas por tipo de carregamento e por baia, sendo que uma não influencia no andamento da outra. O carregamento é feito pelo próprio motorista do cliente. O carregamento é todo automatizado por um sistema de gerenciamento de toda a distribuição da base. A maior parte do transporte dos combustíveis (62%) é feita por caminhões-tanque com volume de 30 mil litros, os quais foram o alvo da análise.

Essa empresa estuda a possibilidade de ampliar seu estacionamento para abrigar mais caminhoneiros e evitar a formação de filas que se estenderiam até a avenida em frente à base, prejudicando o trânsito local. Conforme os conceitos de sistemas de filas, esta seria a melhor ação a ser tomada?

Foi considerada a taxa média de chegadas (λ = 15,2 m) do horário de pico, levantada num período de dois meses representativos de carregamento na base (Figura 7.4). Considerando que existem quatro baias de carregamento, o tempo médio gasto no atendimento geral da empresa foi estimado em 3,8 minutos por cliente, ou seja, uma taxa de atendimento de 0,263 cliente por minuto ou 15,78 clientes por hora.

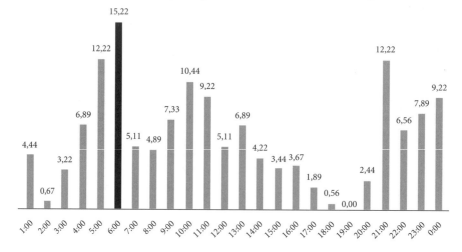

Figura 7.4 Taxa média de chegadas.

---

[2] Esta seção foi baseada em Da Silva (2014).

Sistemas de filas　　**157**

Por causa das circunstâncias do caso, adotou-se o sistema M/M/s para simulação de alternativas de atendimento aos usuários. Os resultados obtidos a partir das equações do modelo adotado estão apresentados na Tabela 7.7 a seguir.

Tabela 7.7　Indicadores de desempenho de 3 a 7 postos de carregamento (baias)

m	μ (cli/hora)	λ (cli/hora)	ρ	P_0	W (mín)	W_q (mín)	L	L_q
3	3,945	15,22	-	-	-	-	-	-
4	3,945	15,22	0,96	0,0036	114,042	98,833	28,929	25,071
5	3,945	15,22	0,77	0,0161	21,877	6,668	5,549	1,691
6	3,945	15,22	0,64	0,020	16,993	1,784	4,311	0,453
7	3,945	15,22	0,55	0,0207	15,771	0,562	4,001	0,143

ρ = taxa de ocupação do sistema; P_0 = probabilidade de haver 0 cliente no sistema; W = tempo de espera estimado no sistema; W_q = tempo de espera estimado na fila; L = número esperado de clientes no sistema; L_q = número esperado de clientes na fila.

O sistema se encontra no limite do seu uso, considerando as características levadas em conta (4 baias), e apresenta tempo de espera na fila em torno de 98 minutos em seu horário de pico. Como opção de melhoria, foi testado o atendimento com 5 servidores, e o resultado foi satisfatório. O tempo esperado de fila cai para 22 minutos, 6 vezes menos do que foi encontrado no modelo teórico atual e em torno de 4 vezes menor do que a média obtida pelos dados coletados. O número de clientes esperados na fila não chegou a 2, dispensando o aumento do estacionamento se considerarmos apenas esse fator.

Este problema e a solução inicial apresentada (aumentar a área do estacionamento) exemplificam o procedimento comum adotado nessas situações pelos gestores de serviços, ou seja, deslocar a fila de usuários para uma outra área. No entanto, isso não resolve o problema, apenas o transfere para outro local. Evidentemente, os caminhoneiros apreciariam ter mais baias para abastecimento e uma redução expressiva no seu tempo de permanência no sistema, proporcionando-lhes mais viagens e fretes. Entretanto, isso implica investimentos na melhoria da infraestrutura disponível.

EXERCÍCIOS

1. Um forte temporal atingiu a cidade de São Paulo no meio da tarde de certo dia. Em razão dos alagamentos, as vias públicas da cidade ficaram intransitáveis. Um número maior de paulistanos deslocou-se, então, para as estações de metrô. No entanto, ao chegarem às estações, os paulistanos foram surpreendidos por uma

medida da administração do metrô: o número de catracas foi reduzido, resultando em enormes filas. Com base nos conceitos de sistemas de filas, avalie se a decisão do metrô de São Paulo foi correta.

2. Conforme os conceitos de sistemas de filas, sem aumentar o número de cabines, justifique uma ação de curto prazo que um pedágio poderia fazer sobre a sua população de usuários para balancear o atendimento (justifique com o uso de λ e μ).

3. Indique uma situação de atendimento humano em que a regra da fila é "o primeiro que entra será o último a sair". Uma regra como essa pode resultar em ganhos para o prestador de serviços?

4. Demonstre que a fórmula de L para o sistema M/M/m se reduz à fórmula de L do sistema M/M/1.

5. Conforme a lei de Little, os modelos matemáticos dos sistemas de filas aplicam-se a sistemas em equilíbrio. Entretanto, muitos sistemas reais não apresentam essa característica durante todo seu ciclo de atendimento. Usando os conceitos de sistemas de filas, cite e justifique duas razões pelas quais os prestadores de serviços conseguem contornar essa condição.

6. Interprete o significado da notação de Kendall-Lee para o seguinte modelo: M/G/6/30/500/FCFS

7. Considere as duas especificações de sistemas de fila: M/M/5/30/10/FCFS e M/M/5/12/10/FCFS. Qual deles oferece melhor qualificação relativa ao desempenho?

8. (Baseado em Enade, 2011) Uma rede de *fast-food* 24 horas definiu a seguinte estratégia de venda para seu serviço de *drive-thru*: "Se você encontrar mais que três clientes no sistema (fila + atendimento), receberá uma sobremesa como cortesia". O custo dessa política é de R$ 2,00 por cliente vitimado. Na condição atual, os clientes chegam aleatoriamente segundo um processo de Poisson a uma taxa de 19 por hora. O atendimento é realizado por um único empregado e segue uma distribuição exponencial com média de 2 minutos e 45 segundos. Contudo, o gerente estima que conseguirá, por meio de melhorias no processo de montagem dos pedidos, reduzir o tempo médio de atendimento para 2 minutos. O gráfico abaixo apresenta as funções probabilidades acumuladas de haver n clientes no *drive-thru* (fila + atendimento) para dois tempos médios de atendimento (TA), em minutos. Com base exclusivamente nos dados do problema, pede-se:

a) a taxa de utilização do sistema atual;

b) a probabilidade de o sistema proposto não estar ocioso;

c) o custo médio da estratégia atual.

Seria melhor para a empresa modificar a estratégia para que o cliente não encontre mais de 5 clientes no sistema, mantendo seu tempo médio de atendimento em 2 minutos e 45 segundos, ou apenas reduzir seu tempo médio de atendimento para 2 minutos, mantendo a estratégia atual? Justifique.

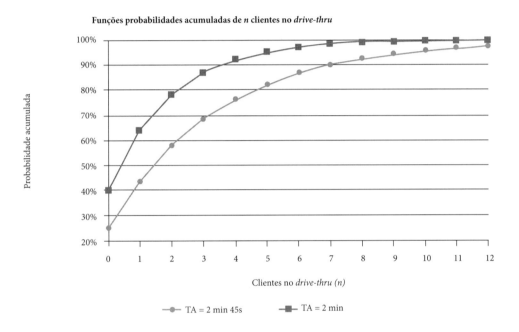

9. A UFABC opera 3 linhas de ônibus entre os *campi* de Santo André e São Bernardo do Campo (linhas 2, 3 e 4). Os ônibus de qualquer linha chegam aleatoriamente aos pontos de parada conforme uma distribuição de Poisson a cada 25 minutos. Determine:

a) Qual é a probabilidade de dois ônibus pararem no ponto de parada durante um intervalo de 5 minutos?

b) Um estudante cujo alojamento está localizado próximo a um ponto de parada tem uma aula em 45 minutos. Qualquer um dos ônibus o levará até o edifício da sala de aula. A viagem dura 30 minutos e depois ele deverá caminhar aproximadamente 10 minutos para chegar até a sala de aula. Qual a probabilidade de o aluno chegar a tempo de assistir à aula?

10. Em uma estação de trabalho, as atividades de soldagem de precisão são feitas por um robô cuja velocidade é ajustada conforme as necessidades da produção. Em média, 30 produtos chegam por hora até a estação de acordo com uma distribuição de Poisson.

a) Qual taxa de atendimento seria necessária para que os produtos ficassem em média 8 minutos no sistema?

b) Para esta taxa de atendimento, qual é a probabilidade de haver mais de quatro produtos no sistema?

c) Qual seria a taxa de atendimento para que se tenha uma chance de 10% de haver mais de 4 produtos no sistema?

11. Uma agência bancária localizada na zona sul da cidade de São Paulo possui 2 caixas eletrônicos multifuncionais (saques, consultas, depósitos e pagamentos) na sua sala de autoatendimento. No horário de pico da demanda, registrou-se uma chegada de 30 clientes e um tempo médio de atendimento de 3,5 minutos (3 minutos e 30 segundos). Não há uma legislação específica sobre filas de caixas eletrônicos, mas caso fosse usado um limite de 15 minutos de permanência em fila, pergunta-se:

a) O número de caixas eletrônicos é suficiente?

b) Qual é a probabilidade de o cliente chegar e encontrar todos os caixas disponíveis?

12. (Baseado em Krajewski, Ritzman e Malhotra, 2009) Um terminal de cargas rodoviário opera com 5 zonas de descarga. Cada zona requer dois funcionários, e cada equipe custa R$ 30 por hora. O custo estimado de um caminhão ocioso é de R$ 50 por hora. Os caminhões chegam a uma taxa média de 3 por hora conforme uma distribuição de Poisson. Em média, uma equipe pode descarregar um caminhão a cada 1 hora conforme uma distribuição exponencial. O terminal está preocupado com os custos de sua operação e a possibilidade de os caminhões permanecerem ociosos aguardando para serem descarregados. Pergunta-se:

a) A preocupação relativa à ociosidade dos caminhões é justificada?

b) Qual é o custo total por hora da operação?

13. Para o problema apresentado na Seção 7.3, preencha a tabela a seguir adotando $\lambda = 3$ carros/hora e $\mu = 4$ carros/hora.

Sistema	ρ	L	L_q	W (mín)	W_q (mín)	P_0
M/M/1						
M/M/1/3						
M/M/2						
M/M/2/3						

14. Uma escola de línguas estrangeiras pretende oferecer um atendimento *on-line* para esclarecimento de dúvidas aos seus alunos. A política estabelecida pela escola visa a um atendimento não superior a 20 minutos por aluno. Em média, estima-se que os alunos solicitem o serviço a uma taxa de 5 por hora. A escola possui 3 professores para esta finalidade. Cada professor pode atender em média 3 alunos por hora. O dimensionamento projetado inicialmente pela escola será suficiente para o atendimento?

CAPÍTULO 8
HEURÍSTICAS

O ótimo é inimigo do bom.
Voltaire

8.1 CONCEITO E CONTEXTUALIZAÇÃO

Etimologicamente a palavra heurística vem da palavra grega *heuriskein*, que significa descobrir (e que deu origem também ao termo "eureca"). As heurísticas são procedimentos de busca intuitivos desenvolvidos para a obtenção de soluções de problemas que não possuem solução matemática exata, entendendo-se solução matemática exata como solução ótima. Portanto, heurística é uma regra, simplificação ou aproximação que reduz ou limita a busca por soluções em domínios que são difíceis e pouco compreendidos.

A heurística é um procedimento para resolver problemas por meio de uma abordagem intuitiva, em geral racional, na qual a estrutura do problema possa ser interpretada e explorada de modo a obter uma solução razoável. Como características principais dos procedimentos heurísticos, destacam-se o bom desempenho, a rapidez e a simplicidade. No entanto, elas não possuem prova de convergência ou garantia de obtenção de uma solução ótima (ABENSUR, 2011).

Heurísticas são especialmente indicadas quando os métodos exatos (por exemplo, programação linear) são proibitivos por razões de tempo de processamento, consumo de memória ou tempo de desenvolvimento da solução computadorizada. Os problemas combinatórios estão entre os que podem ser solucionados por heurísticas, como sequenciação de qualquer tipo de atividade (*single-machine scheduling*, *flow shop scheduling*, *job shop scheduling*, projetos de investimento).

Este capítulo irá explorar aplicações heurísticas práticas, de fácil compreensão e sob uma ótica adequada para a graduação. Problemas de maior complexidade podem ser abordados por técnicas meta-heurísticas, como algoritmos genéticos, busca tabu ou *simulated annealing*.

8.2 HEURÍSTICA CONSTRUTIVA

As heurísticas construtivas ou de construção geram uma solução por meio da adição de componentes individuais, um de cada vez, até achar uma solução factível. Em razão de sua simplicidade e rapidez, são empregadas para gerar uma solução inicial (ABENSUR; OLIVEIRA, 2012).

Retomando o problema da mochila apresentado na Seção 4.2, pretende-se agora propor uma heurística para o seu preenchimento. A mochila apresenta uma capacidade em volume de 6.160 cm³, e os diversos itens possuem volumes e utilidades conforme a tabela a seguir. A escolha deste problema tem somente uma razão didática, pois problemas passíveis de solução ótima devem ser resolvidos por seus respectivos algoritmos de otimização (no caso, algoritmo B&B).

Tabela 8.1 Utilidade e volume dos itens

Item	Volume (cm³)	Utilidade	X_i
Agenda	810	2	0
Calculadora	140,6	2	0
Estojo	85	1	0
Celular	99	3	0
Carteira	228	3	0
Guarda-chuva	437,5	3	0
Notebook	3.024	2	0
Jornal	1.320	2	0
Caderno	840	3	0
Livro	465,5	3	0
	7.449,60		

Heurística construtiva 1 (HC1): ordenar os itens por utilidade e selecionar até o limite do volume da mochila.

A Tabela 8.2 a seguir apresenta os resultados conforme a heurística construtiva 1. O resultado obtido é inferior ao do modelo de PLI (21 < 22), apresentado na Seção 4.2.

Heurísticas
165

Tabela 8.2 Resultados da heurística construtiva 1

Item	Utilidade	Volume (cm³)	Utilidade acumulada	Volume acumulado
Celular	3	99	3	99
Carteira	3	228	6	327
Guarda-chuva	3	437,5	9	764,5
Caderno	3	840	12	1.604,5
Livro	3	465,5	15	2.070
Agenda	2	810	17	2.880
Calculadora	2	140,6	19	3.020,6
Notebook	2	3.024	21	6.044,6
Jornal	2	1.320	23	7.364,6
Estojo	1	85	24	7.449,6

HC2: ordenar os itens em ordem decrescente por utilidade e volume. Selecionar até o limite do volume da mochila.

A Tabela 8.3 a seguir apresenta os resultados. O resultado obtido é inferior ao do modelo de PLI (17 < 22) e inferior ao da heurística construtiva 1 (17 < 21).

Tabela 8.3 Resultados da heurística construtiva 2

Item	Utilidade	Volume (cm³)	Utilidade acumulada	Volume acumulado
Caderno	3	840	3	840
Livro	3	465,5	6	1.305,5
Guarda-chuva	3	437,5	9	1.743
Carteira	3	228	12	1.971
Celular	3	99	15	2.070
Notebook	2	3.024	17	5.094
Jornal	2	1.320	19	6.414
Agenda	2	810	21	7.224
Calculadora	2	140,6	23	7.364,6
Estojo	1	85	24	7.449,6

HC3: ordenar os itens em ordem crescente pela relação volume/utilidade. Selecionar até o limite do volume da mochila.

A Tabela 8.4 mostra os resultados. A solução obtida é igual à do modelo de PLI (22) e superior à das outras heurísticas.

Tabela 8.4 Resultados da heurística construtiva 3

Item	Utilidade	Volume (cm³)	Vol./util.	Utilidade acumulada	Volume acumulado
Celular	3	99	33	3	99
Calculadora	2	140,6	70,3	5	239,6
Carteira	3	228	76	8	467,6
Estojo	1	85	85	9	552,6
Guarda-chuva	3	437,5	145,8	12	990,1
Livro	3	465,5	155,2	15	1.455,6
Caderno	3	840	280	18	2.295,6
Agenda	2	810	405	20	3.105,6
Jornal	2	1.320	660	22	4.425,6
Notebook	2	3.024	1.512	24	7.449,6

8.3 HEURÍSTICA DE MELHORIA

As heurísticas construtivas geram uma solução inicial. Caso ela não seja satisfatória, empregam-se procedimentos de melhoria sobre a solução obtida. Um método com larga aplicação é a busca local ou busca de vizinhança. A partir de uma solução inicial, procura-se em uma certa vizinhança a melhor solução possível e repete-se o processo até que nenhuma melhoria seja obtida. A solução final é denominada ótimo local, pois ela foi alcançada dentro de uma vizinhança. A desvantagem é que, em geral, não há garantia de que o ótimo local obtido seja ótimo global (ABENSUR, 2013).

O desempenho dos métodos de busca local depende da definição das vizinhanças. Algumas técnicas envolvendo permutações são recomendadas para a construção de vizinhanças, como (ABENSUR, 2013):

a) Troca de pares adjacentes (*adjacent pairwise interchange* – API): há uma troca de pares adjacentes da solução inicial. Dado um conjunto inicial de soluções $x = \{1,2,3,4\}$, as vizinhanças geradas pelo movimento API seriam: $\{2,1,3,4\}$, $\{1,3,2,4\}$ e $\{1,2,4,3\}$.

O número máximo de combinações é $N(x) = n\text{-}1$, em que n é igual ao número de elementos da solução inicial.

b) Dual API (*dual adjacent pairwise interchange*): é o resultado de, no máximo, duas trocas adjacentes. Dado um conjunto inicial de soluções $x = \{1,2,3,4\}$, tem-se como vizinhanças geradas pelo movimento Dual API: $\{2,1,4,3\}$, $\{2,1,3,4\}$, $\{2,3,1,4\}$, $\{1,2,4,3\}$, $\{1,4,2,3\}$, $\{1,3,2,4\}$, $\{3,1,2,4\}$, $\{1,3,4,2\}$. O número máximo de combinações é $N(x) = (n^2 + n - 4)/2$.

c) Troca de todos os pares (*all pairs* – AP): há uma troca de todos os pares da solução inicial. Dado um conjunto inicial de soluções $x = \{1,2,3,4\}$, as vizinhanças geradas pelo movimento AP seriam: $\{2,1,3,4\}$, $\{3,2,1,4\}$, $\{4,2,3,1\}$, $\{1,3,2,4\}$, $\{1,4,3,2\}$ e $\{1,2,4,3\}$. O número máximo de combinações é $N(x) = n(n-1)/2$.

Como exemplo de uma heurística de melhoria para o problema da mochila, aplicam-se os seguintes passos, com base na técnica *all pairs*, a partir da solução inicial obtida pela heurística construtiva 1:

a) substituir o item de maior volume pelos itens remanescentes, em ordem qualquer, até o limite do volume da mochila;

b) repetir (a) até que todos os itens remanescentes tenham sido testados;

c) selecionar a combinação que apresentar a maior utilidade acumulada.

A Tabela 8.5 a seguir mostra o resultado da combinação das heurísticas de construção e de melhoria. O resultado é igual ao encontrado pela PLI e superior ao resultado isolado obtido pela heurística construtiva 1 (22 > 21).

Tabela 8.5 Resultados da heurística construtiva 1 + heurística de melhoria

Item	Utilidade	Volume (cm³)	Utilidade acumulada	Volume acumulado
Caderno	3	840	3	840
Livro	3	465,5	6	1.305,5
Guarda-chuva	3	437,5	9	1.743
Carteira	3	228	12	1.971
Celular	3	99	15	2.070
Jornal	2	1.320	17	3.390
Agenda	2	810	19	4.200
Calculadora	2	140,6	21	4.340,6
Estojo	1	85	22	4.425,6

8.4 PROGRAMAÇÃO VISUAL BASIC PARA O PROBLEMA DA MOCHILA

Em termos práticos, é quase imprescindível a manipulação de alguma linguagem de programação para aplicações com fins heurísticos. Além disso, o uso de linguagens de programação e outras ferramentas computacionais são essenciais para as atividades de engenharia. O Visual Basic (VB) é um interessante recurso de programação disponível no Microsoft Excel® que expande as possibilidades de utilização da planilha eletrônica.

Em geral, o Visual Basic poderá ser acessado por uma macro na seção de EXIBIÇÃO – MACROS (versão 2013) e inicialmente se apresentará conforme a tela mostrada na Figura 8.1 a seguir.

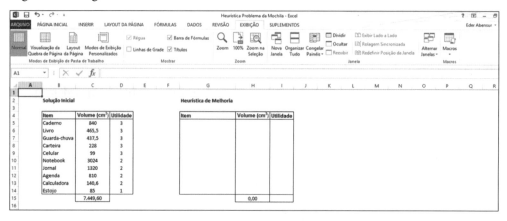

Figura 8.1 Tela inicial da seção de "Exibição" para acesso às macros.

A seguir, é apresentada a programação passo a passo em Visual Basic da heurística de melhoria desenvolvida para o problema da mochila, com explicações sobre a estrutura lógica e de alguns dos comandos usados. Por questões didáticas, foi desenvolvida uma programação que fizesse uso de um maior número de recursos do VB, mas certamente há outras opções mais eficientes em termos de tempo de processamento e número de linhas.

O leitor notará que vários comandos são similares e comuns a outras linguagens de programação. Os interessados poderão aprofundar sua curiosidade em literaturas especializadas em VB para o Excel.

Sub Mochila()
'

' Mochila
'DEFINIÇÃO DAS VARIÁVEIS
Application.ScreenUpdating = False
Dim item(20), util(20), volume(20), itemsol(20), volumesol(20), utilsol(20)
vmochila = 6160

```
'LER DADOS
Sheets("Mochila").Select
For i = 1 To 10
      item(i) = Cells.item(i + 4, 2)
      volume(i) = Cells.item(i + 4, 3)
      util(i) = Cells.item(i + 4, 4)
Next i

'IDENTIFICAR SOLUÇÃO INICIAL E LIMITES DA SIMULAÇÃO
volacum = 0
utilacum = 0
For i = 1 To 10
      volacum = volacum + volume(i)
      If volacum <= vmochila Then
            itemsol(i) = Cells.item(i + 4, 2)
            volumesol(i) = Cells.item(i + 4, 3)
            utilsol(i) = Cells.item(i + 4, 4)
            utilacum = utilacum + utilsol(i)
      Else
            isol = i - 1
            volacum = volacum - volume(i)
            i = 10
      End If
Next i

'IDENTIFICAR ITEM DE MAIOR VOLUME DA SOLUÇÃO INICIAL
maiorvol = 0
For i = 1 To 10
      If volumesol(i) > maiorvol Then
            imaiorvol = i
            maiorvol = volume(i)
            utilmaiorvol = util(i)
      End If
Next i
acumutil = utilacum

'SUBSTITUIR ITEM DE MAIOR VOLUME PELOS REMANESCENTES
For i = (isol + 1) To (isol + 4)
      If volacum < vmochila Then
            volacum = volacum - maiorvol + volume(i)
            itemsol(i) = item(i)
            volumesol(i) = volume(i)
            utilsol(i) = util(i)
            acumutil = acumutil - utilmaiorvol + utilsol(i)
            maiorvol = 0
```

```
                    utilmaiorvol = 0
            End If
    Next i
    'LIMPAR ÁREA DE RESULTADOS
    Range("g5:i14").Select
    Selection.ClearContents

    'IMPRIMIR RESULTADO
    If acumutil > utilacum Then
            For i = 1 To 10
                    If i < imaiorvol Then
                            Cells.item(i + 4, 7) = itemsol(i)
                            Cells.item(i + 4, 8) = volumesol(i)
                            Cells.item(i + 4, 9) = utilsol(i)
                    Else
                            Cells.item(i + 4, 7) = itemsol(i + 1)
                            Cells.item(i + 4, 8) = volumesol(i + 1)
                            Cells.item(i + 4, 9) = utilsol(i + 1)
                    End If
            Next i
    End If
    If acumutil <= utilacum Then
            For i = 1 To 10
                    Cells.item(i + 4, 7) = itemsol(i)
                    Cells.item(i + 4, 8) = volumesol(i)
                    Cells.item(i + 4, 9) = utilsol(i)
            Next i
    End If
    '
    End Sub
```

O ponto de partida é a tabela "Solução inicial" da planilha de Excel (Figura 8.1), que contém, além da solução da HC2, os demais itens que dela não fazem parte. A lógica da heurística de melhoria foi mostrada na Seção 8.3.

Cada etapa da estrutura da programação está identificada em letras maiúsculas. A estrutura está dividida em sete partes: (i) definição das variáveis e dos respectivos tamanhos dos vetores usados; (ii) leitura dos dados iniciais (solução inicial da HC1 + itens remanescentes que não fazem parte da solução); (iii) identificação da solução inicial e dos limites da simulação (itens que fazem ou não parte da solução); (iv) identificação do item de maior volume da solução inicial; (v) substituição do item de maior volume pelos demais, testando a capacidade da mochila e guardando a utilidade acumulada da solução; (vi) limpeza da área de resultados da tabela "Heurística de melhoria" (Figura 8.1); e (vii) impressão do resultado. A Figura 8.2 a seguir apresenta um fragmento da tela de digitação do VB para Excel.

Heurísticas

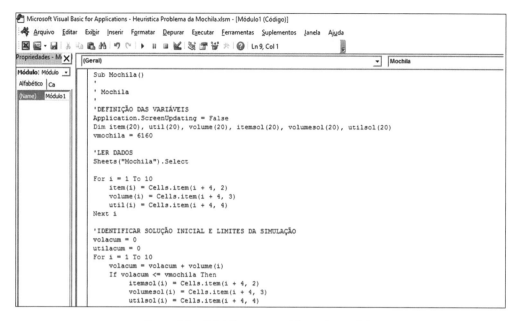

Figura 8.2 Tela VB para o problema da mochila.

Uma macro é criada fazendo-se a sua gravação por EXIBIÇÃO – MACROS – GRAVAR MACRO. Em seguida, o Excel apresentará uma tela com o nome da macro criada (uma numeração sequencial), a possibilidade de associá-la a uma tecla de atalho e a sua descrição. Após dar OK nessa tela, a macro está apta a gravar os comandos usados pelo Excel. Como se deseja fazer uso dos recursos do VB, aciona-se EXIBIÇÃO – MACROS – PARAR GRAVAÇÃO. A primeira macro criada possuirá em seu cabeçalho "Sub Macro1" e "End Sub" no rodapé. Dessa maneira, cria-se uma macro vazia para escrever a programação VB entre o cabeçalho e o rodapé. As Figuras 8.3 e 8.4 a seguir apresentam as telas para a criação de uma macro.

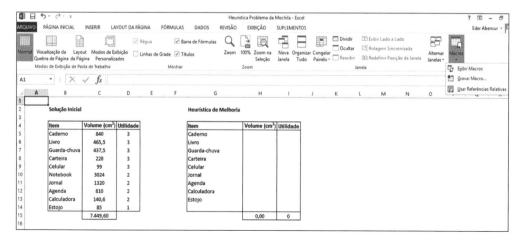

Figura 8.3 Tela para acesso à gravação de uma macro.

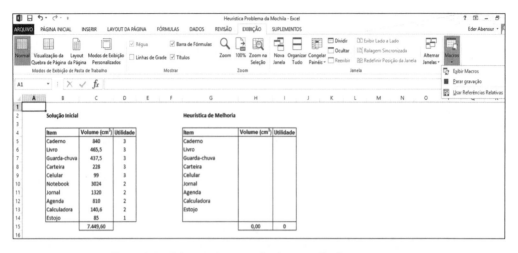

Figura 8.4   Tela para interrupção de gravação de uma macro.

Os comandos descritos a seguir foram usados para a programação da heurística de melhoria e já permitem ao leitor desenvolver uma grande variedade de macros.

Application.ScreenUpdating = False

Inibe o movimento da tela durante a execução do programa, diminuindo o tempo de processamento.

Dim

Dimensiona vetores e matrizes. Se usados durante a programação, os vetores e as matrizes precisam ser definidos logo no início da macro. Neste exemplo, foram usados apenas vetores.

Sheets("Mochila").Select

Define a planilha de Excel em uso a partir deste comando. Neste caso, a planilha de Excel em uso chama-se Mochila.

For Next

Cria uma rotina que repetirá os procedimentos escritos entre "For" e "Next" em saltos sequenciais.

Cells.item

Define a localização de uma célula na planilha de Excel.

If Then

Cria uma condição "se" que, se satisfeita, então (Then) determinará a execução dos comandos seguintes; caso contrário (Else), determinará a execução de outros procedimentos até encontrar o comando End If.

Range().Select

Seleciona uma faixa de células na planilha de Excel.

Selection.ClearContents

Limpa todo o conteúdo de uma seleção feita na planilha de Excel.

Após a digitação, a execução do programa poderá ser rastreada linha a linha por meio da tecla F8. A Figura 8.5 a seguir apresenta o resultado encontrado na tabela "Heurística de melhoria".

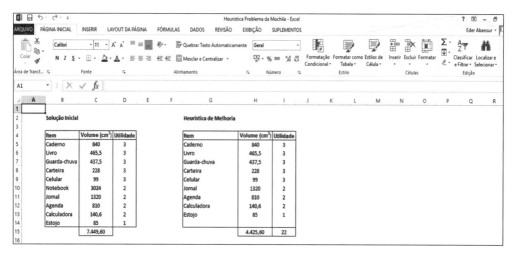

Figura 8.5 Resultado da programação em VB.

8.5 REGRAS DE DESPACHO

No contexto da programação da produção, foram criadas regras de decisão lógica para selecionar uma ordem de produção após uma máquina ficar disponível. Essas regras de decisão foram denominadas regras de despacho. São regras simples, práticas e eficientes que são utilizadas desde a origem da administração da produção e que ainda são aplicadas na gestão diária de qualquer sistema produtivo.

Em analogia aos sistemas de filas, as regras de despacho podem ser entendidas como a regra que disciplina a fila de atendimento da produção. Em termos heurísticos, elas são heurísticas construtivas que, em geral, ordenam as ordens ou tarefas de modo crescente ou decrescente em função de um atributo selecionado.

Algumas das regras de despacho mais conhecidas são:

- *shortest processing time* (SPT): sequenciar as ordens de acordo com o menor tempo de processamento;
- *longest processing time* (LPT): sequenciar as ordens conforme o maior tempo de processamento;
- *weighted longest processing time* (WLPT): sequenciar as ordens de acordo com a menor razão entre a penalidade de adiamento e o tempo de processamento;
- *weighted shortest processing time* (WSPT): sequenciar as ordens de acordo com a maior razão entre a penalidade de atraso e o tempo de processamento;
- *first in, first out* (FIFO): sequenciar as ordens de acordo com aquela que está há mais tempo disponível para processamento;
- *last in, first out* (LIFO): sequenciar as ordens de acordo com aquela que está há menos tempo disponível para processamento;
- *earliest due date* (EDD): sequenciar as ordens com a menor data de entrega;
- *minimum slack time* (MST): sequenciar as ordens conforme o maior tempo de folga (data de entrega-tempo de processamento).

Nota-se que as regras SPT-LPT, WLPT-WSPT, FIFO-LIFO possuem lógicas opostas e, portanto, geram sequências inversas. As regras EDD e MST possuem lógica distintas das demais.

A Tabela 8.6 a seguir resume os resultados teóricos sobre algumas das regras de despacho apresentadas para situações em que todas as ordens estão disponíveis antes do início da produção (estático) e quando as ordens chegam durante o processo produtivo (dinâmico).

Heurísticas **175**

Tabela 8.6   Resultados teóricos sobre regras de despacho

Configuração das máquinas	Objetivo da programação (min. = minimizar)	Regra de despacho
Máquina única	Min. tempo médio de fluxo (ou horário médio de término ou desvio médio) Min. tempo de fluxo mínimo Min. tempo de fluxo total (ou horário de término) Min. tempo de espera máximo Min. tempo de espera total Min. número de ordens na fábrica	SPT é ótima
	Min. atraso (ou desvio) médio	SPT é ótima quando todas as ordens estão atrasadas
	Min. atraso (ou desvio) máximo	EDD é ótima
	Maximizar atraso (ou desvio) mínimo	MST é ótima
	Min. tempo de fluxo ponderado Min. desvio ponderado médio Min. tempo de espera ponderado	WSPT é ótima
Máquina única (dinâmico)	Min. tempo médio de fluxo Min. atraso (ou desvio) máximo	SPT é ótima Variante EDD é ótima
Máquinas idênticas em paralelo	Min. tempo médio de fluxo Min. tempo de espera médio Min. desvio médio	Variante SPT é ótima

Fonte: adaptada de Colin (2007).

Para uma apreciação operacional das regras de despacho, elaborou-se um exemplo com base na adaptação dos dados apresentados por Biskup e Feldmann (1999) mostrados na Tabela 8.7 a seguir. Esta adaptação pode se passar em qualquer linha de produção e/ou montagem para a fabricação de produtos a cliente externo ou interno.

Tabela 8.7 Dados do exemplo

Produto	Chegada do pedido (r_j)	Tempo de processamento (p_j)	Horário de entrega (d_j)	Penalidade de adiantamento (h_j)	Penalidade de atraso (w_j)
A	12/04	4	8	8	4
B	17/04	16	6	7	3
C	24/04	2	9	7	8
D	15/04	6	4	7	6
E	13/04	10	21	1	2
F	18/04	8	17	8	8
G	11/04	5	12	1	5
H	10/04	15	11	10	3
I	21/04	7	20	2	11
J	19/04	19	5	8	15

Admitindo-se que:

a) $L_j = C_j - d_j$ (desvio da ordem).

b) $d_j - pj$ (folga da ordem).

c) FO = (função objetivo; E = adiantamento; T = atraso).

d) Não há tempo de espera para que a ordem entre em execução.

e) Todas as ordens estão disponíveis para serem executadas no momento da programação.

As tabelas a seguir mostram como foram obtidas as sequências para cada uma das regras de despacho.

Tabela 8.8 Sequência SPT

Ordem		C	A	G	D	I	F	E	H	B	J	FO
Data do pedido		424	412	411	415	421	418	413	410	417	419	1.994
Data da entrega	(d_j)	9	8	12	4	20	17	21	11	6	5	
Tempo de processamento	(p_j)	2	4	5	6	7	8	10	15	16	19	
Penalidade de adiantamento	(h_j)	7	8	1	7	2	8	1	10	7	8	
Penalidade de atraso	(w_j)	8	4	5	6	11	8	2	3	3	15	
Término da ordem	(C_j)	2	6	11	17	24	32	42	57	73	92	
Desvio da ordem	(L_j)	-7	-2	-1	13	4	15	21	46	67	87	

Heurísticas

Tabela 8.9 Sequência LPT

Ordem		J	B	H	E	F	I	D	G	A	C	FO
Data do pedido		419	417	410	413	418	421	415	411	412	424	3.329
Data da entrega	(d_j)	5	6	11	21	17	20	4	12	8	9	
Tempo de processamento	(p_j)	19	16	15	10	8	7	6	5	4	2	
Penalidade de adiantamento	(h_j)	8	7	10	1	8	2	7	1	8	7	
Penalidade de atraso	(w_j)	15	3	3	2	8	11	6	5	4	8	
Término da ordem	(C_j)	19	35	50	60	68	75	81	86	90	92	
Desvio da ordem	(L_j)	14	29	39	39	51	55	77	74	82	83	

Tabela 8.10 Sequência FIFO

Ordem		H	G	A	E	D	B	F	J	I	C	FO
Data do pedido		410	411	412	413	415	417	418	419	421	424	3.488
Data da entrega	(d_j)	11	12	8	21	4	6	17	5	20	9	
Tempo de processamento	(p_j)	15	5	4	10	6	16	8	19	7	2	
Penalidade de adiantamento	(h_j)	10	1	8	1	7	7	8	8	2	7	
Penalidade de atraso	(w_j)	3	5	4	2	6	3	8	15	11	8	
Término da ordem	(C_j)	15	20	24	34	40	56	64	83	90	92	
Desvio da ordem	(L_j)	4	8	16	13	36	50	47	78	70	83	

Tabela 8.11 Sequência LIFO

Ordem		C	I	J	F	B	D	E	A	G	H	FO
Data do pedido		424	421	419	418	417	415	413	412	411	410	1.948
Data da entrega	(d_j)	9	20	5	17	6	4	21	8	12	11	
Tempo de processamento	(p_j)	2	7	19	8	16	6	10	4	5	15	
Penalidade de adiantamento	(h_j)	7	2	8	8	7	7	1	8	1	10	
Penalidade de atraso	(w_j)	8	11	15	8	3	6	2	4	5	3	
Término da ordem	(C_j)	2	9	28	36	52	58	68	72	77	92	
Desvio da ordem	(L_j)	-7	-11	23	19	46	54	47	64	65	81	

178   *Pesquisa operacional para cursos de Engenharia de Produção*

Tabela 8.12   Sequência WSPT

Ordem		C	E	F	G	H	I	J	A	D	B	FO
Data do pedido		424	413	418	411	410	421	419	412	415	417	2.384
Data da entrega	(d_j)	9	21	17	12	11	20	5	8	4	6	
Tempo de processamento	(p_j)	2	10	8	5	15	7	19	4	6	16	
Penalidade de adiantamento	(h_j)	7	1	8	1	10	2	8	8	7	7	
Penalidade de atraso	(w_j)	8	2	8	5	3	11	15	4	6	3	
w_j/p_j	(w_j/p_j)	4,00	3,00	3,00	3,00	3,00	3,00	3,00	1,00	1,00	0,19	
Término da ordem	(C_j)	2	12	20	25	40	47	66	70	76	92	
Desvio da ordem	(L_j)	-1	-9	3	13	29	27	61	62	72	86	

Tabela 8.13   Sequência WLPT

Ordem		B	D	A	C	E	F	G	H	I	J	FO
Data do pedido		417	415	412	424	413	418	411	410	421	419	2.876
Data da entrega	(d_j)	6	4	8	9	21	17	12	11	20	5	
Tempo de processamento	(p_j)	16	6	4	2	10	8	5	15	7	19	
Penalidade de adiantamento	(h_j)	7	7	8	7	1	8	1	10	2	8	
Penalidade de atraso	(w_j)	3	6	4	8	2	8	5	3	11	15	
h_j/p_j	(h_j/p_j)	0,44	1,17	2,00	3,50	3,50	3,50	3,50	3,50	3,50	3,50	
Término da ordem	(C_j)	16	22	26	28	38	46	51	66	73	92	
Desvio da ordem	(L_j)	10	18	18	19	17	29	39	55	53	87	

Heurísticas

Tabela 8.14 Sequência EDD

Ordem		D	J	B	A	C	H	G	F	I	E	FO
Data do pedido		415	419	417	412	424	410	411	418	421	413	2.585
Data da entrega	(d_j)	4	5	6	8	9	11	12	17	20	21	
Tempo de processamento	(p_j)	6	19	16	4	2	15	5	8	7	10	
Penalidade de adiantamento	(h_j)	7	8	7	8	7	10	1	8	2	1	
Penalidade de atraso	(w_j)	6	15	3	4	8	3	5	8	11	2	
Término da ordem	(C_j)	6	25	41	45	47	62	67	75	82	91	
Desvio da ordem	(L_j)	2	20	35	37	38	51	55	58	62	71	

Tabela 8.15 Sequência MST

Ordem		J	B	H	D	A	C	G	F	E	I	FO
Data do pedido		419	417	410	415	412	424	411	418	413	421	3.017
Data da entrega	(d_j)	5	6	11	4	8	9	12	17	21	20	
Tempo de processamento	(p_j)	19	16	15	6	4	2	5	8	10	7	
Penalidade de adiantamento	(h_j)	8	7	10	7	8	7	1	8	1	2	
Penalidade de atraso	(w_j)	15	3	3	6	4	8	5	8	2	11	
Folga	$(d_j - p_j)$	-14	-10	-4	-2	4	7	7	9	11	13	
Término da ordem	(C_j)	19	35	50	56	60	62	67	75	85	92	
Desvio da ordem	(L_j)	14	29	39	52	52	53	55	58	64	72	

8.6 APLICAÇÕES EM ENGENHARIA DE PRODUÇÃO
8.6.1 SEQUENCIAMENTO DE PROJETOS DE INVESTIMENTO[1]

Em geral, os gastos de capital são realizados para a ampliação da capacidade produtiva, substituição de ativos, reconstrução ou reforma de ativo imobilizado. Portanto, todas as empresas em algum momento do seu ciclo de vida são obrigadas a desenvolver projetos para esses fins.

A obtenção de fundos nas condições mais favoráveis possíveis para a realização dos projetos de investimento é uma das complexas tarefas executadas pelos gestores. Geralmente, o processo de orçamento de capital envolve grandes desembolsos, obrigando as empresas a apresentar os recursos financeiros necessários antes do início da execução dos projetos (ABENSUR, 2013).

O estudo apresentado a seguir avaliou um modelo de otimização de orçamento de capital com base na teoria das opções reais e integrado a um método heurístico de busca local, aplicado a um portfólio constituído de diversos projetos de investimentos não financeiros, implementados por uma empresa automobilística da região do ABC Paulista. O objetivo era permitir uma alternativa aos gestores para estabelecerem um sequenciamento de projetos que contribuísse para a redução da necessidade de captação de recursos.

Geralmente, projetos de investimento são representados por séries verticais de entradas menos saídas, que significam, respectivamente, receitas e custos, dispostos em uma linha horizontal que compreende o horizonte de planejamento (tempo) do projeto. A essa representação dá-se o nome de fluxo de caixa, conforme a Figura 8.6 a seguir.

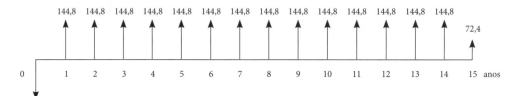

Figura 8.6 Fluxo de caixa do projeto real (em milhares de reais). Fonte: Tunisi e Gil (2016).

A teoria de opções reais, ou simplesmente opções reais, permite preencher a lacuna existente nos métodos tradicionais de análise de investimentos (por exemplo, VPL), uma vez que consideram inúmeras flexibilidades possíveis em um projeto em situações de incerteza. Podem-se destacar três principais flexibilidades: expansão, adiamento ou abandono do investimento.

Foram levantados dados de nove projetos não financeiros de uma série de projetos já implantados em diferentes plantas da companhia automobilística estudada. Assim,

---

[1] Esta seção foi baseada em Abensur (2013) e Tunisi e Gil (2016).

os dados referem-se tanto a novos dispositivos implementados em chão de fábrica quanto a mudanças no cenário de mão de obra laboral.

Conforme Abensur (2013), a simples troca de posições entre os inícios dos projetos numa mesma data seria inócua, pois não haveria redução do investimento. A redução do investimento foi investigada por meio do deslocamento dos projetos (desembolso inicial mais entradas líquidas) ao longo do prazo limite de adiamento. A redução amplificada é obtida caso o deslocamento entre pares de projetos seja feito em sentido contrário, conforme a Figura 8.7 a seguir. O deslocamento envolve todo o fluxo de caixa do projeto.

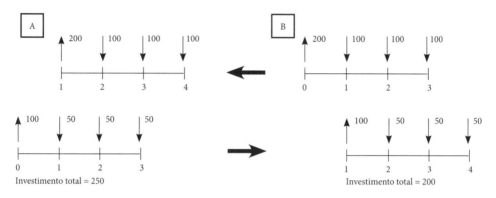

Figura 8.7 Deslocamento orientado de pares (DOP). Fonte: adaptada de Abensur (2013).

Após a definição dos projetos selecionados e o prazo de adiamento, inicia-se a heurística construtiva, na qual os projetos são colocados em ordem decrescente de investimento e crescente da primeira entrada líquida. O primeiro projeto possui o maior atraso possível, e o projeto seguinte tem um adiantamento em um período, até o momento em que se finaliza a lista de projetos. Por fim, os projetos são avaliados mediante as aplicações das heurísticas, e o desempenho é medido em função da redução percentual do investimento e tempo para a execução. A Figura 8.8 a seguir representa um fluxograma resumido da integração das heurísticas (construtiva e de melhoria).

182 Pesquisa operacional para cursos de Engenharia de Produção

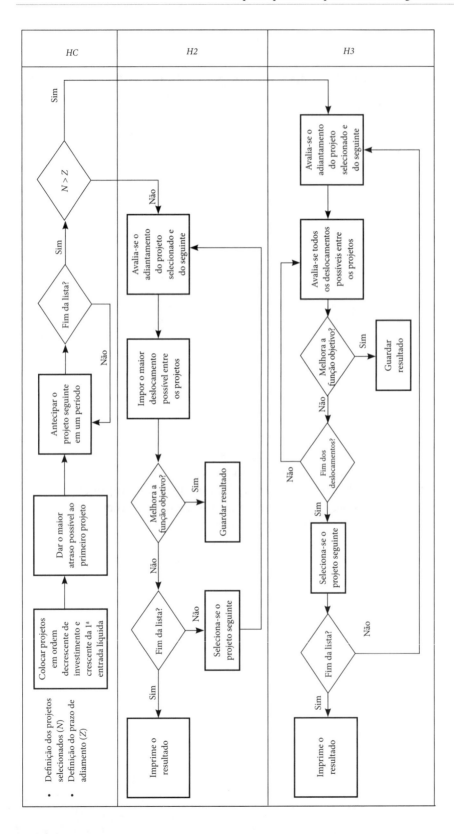

Figura 8.8 Fluxograma da integração das heurísticas. Fonte: Abensur (2013).

A equação a seguir representa a função objetivo do modelo matemático proposto.

$$\text{mín } Z = \left[\sum_{i=1}^{n} \sum_{\substack{j=0 \\ \text{para } \forall P_{ij} < 0}}^{m} \frac{P_{ij}}{(1 + TMAc)^j} \right] - \left[\sum_{i-1}^{n} (VPL_i)(1 + TMAi)^{ai} - VPL_i \right]$$

Sujeito a:

$1 \le i \le n; \quad n \in \{1, 2, ..., N\}$

$0 \le j \le m \quad m \in \{0, 1, 2, ..., M\}$

em que:

P_{ij} = entrada líquida do projeto i na data j

N = número de projetos analisados

M = vida útil dos projetos analisados

TMA_c = taxa mínima de atratividade comum usada para análise do VPL resultante

TMA_i = taxa mínima de atratividade do projeto i

a_i = adiamento do projeto i

Aplicações heurísticas são apropriadas para problemas combinatórios, como os de sequenciação. Mesmo problemas pequenos podem apresentar um número elevado de possibilidades para serem exploradas por métodos de enumeração exaustiva. Um problema com dez variáveis teria 3.628.800 possibilidades de sequenciação (10!).

Foram testadas as heurísticas n. 3 (ABENSUR, 2013) e uma variante dessa heurística denominada HCcrescente. Essa heurística ordena os projetos em ordem crescente dos desembolsos iniciais, ao contrário da heurística n. 3, denominada HCdecrescente. A Tabela 8.16 a seguir resume os resultados das simulações realizadas sobre os projetos selecionados, enquanto a Figura 8.9 apresenta um fragmento da sequenciação dos projetos feita em planilha de Excel usando VB. Além da simulação de sequenciamento dos nove projetos originais, foram feitas outras nove simulações considerando todas as combinações possíveis de oito projetos (um projeto foi eliminado por vez).

Os resultados mostram que a heurística HCdecrescente obteve melhores resultados em oito (80%) das situações simuladas, perdendo em apenas uma (10%) e empatando em outra (10%).

Tabela 8.16 Melhores resultados encontrados

Quantidade	Projetos	HCdecrescente Ganho (%)	HCcrescente Ganho (%)
9	1-2-3-4-5-6-7-8-9	0,19	0,18
8	2-3-4-5-6-7-8-9	2,08	2,06
8	1-3-4-5-6-7-8-9	0,19	0,17
8	1-2-4-5-6-7-8-9	0,19	0,16
8	1-2-3-5-6-7-8-9	0,19	0,16

(continua)

Tabela 8.16 Melhores resultados encontrados (*continuação*)

Quantidade	Projetos	HCdecrescente Ganho (%)	HCcrescente Ganho (%)
8	1-2-3-4-6-7-8-9	0,19	0,03
8	1-2-3-4-5-7-8-9	0,18	0,15
8	1-2-3-4-5-6-8-9	0,06	0,11
8	1-2-3-4-5-6-7-9	0,13	0,13
8	1-2-3-4-5-6-7-8	0,14	0,13
Mínimo		0,06	0,03
Média		0,35	0,33
Máximo		2,08	2,06

Fonte: Tunisi e Gil (2016).

Adiamento	0	1	2	3	4	5	6	7	8	9	10	11	12
0	-24.882.504	0	0	191.167	191.167	191167	191167	191.167	191.167	191.167	191.167	191.167	191.167
1		-900.000	19.740	19.740	19.740	19.740	19.740	19.740	19.740	19.740	19.740	19740	19740
0	-570.000	14.298	14.298	14.298	14.298	14.298	14.298	14.298	14.298	14.298	14.298	14298	14298
0	-480.000	12.070	12.070	12.070	12.070	12070	12070	12.070	12.070	12.070	12.070	12.070	12.070
2		-40.000	925	925	925	925	925	925	925	925	925	925	925
0	-40.000	1.050	1.050	1.050	1.050	1.050	1.050	1.050	1.050	1.050	1.050	1.050	1050
0	-6.342	188	188	188	188	188	188	188	188	188	188	188	188
0	-5.153	131	131	131	131	131	131	131	131	131	131	131	131
0	-3.369	130	130	130	130	130	130	130	130	130	130	130	130
	-25.987.368	-872.133	7.607	239.699	239.699	239.699	239.699	239.699	239.699	239.699	239.699	239.699	239.699

Figura 8.9 Sequência dos projetos.

EXERCÍCIOS

1. Replique o exemplo da Seção 8.4 usando VB.

2. Use o programa desenvolvido no exercício anterior sobre os resultados da HC1 da Seção 8.2.

3.Os dados a seguir referem-se à execução das ordens em uma máquina. Responda aos exercícios (a) a (i) com base neles.

Ordem		A	B	C	D	E	F	G	H	I	J	K	L	M	N	O	P	Q	R	S	T
Data Pedido		09/jul	15/jul	12/jul	11/jul	23/jul	14/jul	08/jul	19/jul	22/jul	06/jul	07/jul	13/jul	18/jul	20/jul	24/jul	25/jul	16/jul	04/jul	05/jul	24/jul
Data Entrega	(d_i)	18	16	2	11	12	8	8	3	9	10	7	5	22	14	13	17	4	21	16	19
Tempo de processamento	(p_i)	9	4	13	10	7	19	18	15	17	5	14	22	6	20	21	3	12	8	1	16
Penalidade de adiantamento	(h_i)	4	3	1	2	4	8	8	7	1	1	3	3	10	2	8	5	5	4	4	3
Penalidade de atraso	(w_i)	12	13	10	5	4	14	2	8	9	16	7	11	8	6	3	15	1	17	18	19

a) Determine a sequência de ordens que minimize o número de ordens na fábrica.

b) Determine a sequência de ordens que minimize o atraso máximo na fábrica.

c) Determine a sequência de ordens que maximiza o atraso mínimo na fábrica.

d) Determine a sequência de ordens que minimize o tempo de espera ponderado na fábrica.

e) Determine a sequência de ordens que prioriza as que estão há mais tempo disponíveis para processamento na fábrica.

f) Determine a sequência de ordens que prioriza as que estão há menos tempo disponíveis para processamento na fábrica.

g) A área comercial desta empresa sugeriu a sequência de produção mostrada a seguir, com base na prioridade de certos clientes.

Ordem		P	F	M	N	G	H	K	R	L	S	B	I	T	O	C	J	Q	E	D	A
Data Pedido		25/jul	14/jul	18/jul	20/jul	08/jul	19/jul	07/jul	04/jul	13/jul	05/jul	15/jul	22/jul	24/jul	24/jul	12/jul	06/jul	16/jul	23/jul	11/jul	09/jul
Data Entrega	(d_i)	17	8	22	14	8	3	7	21	5	16	16	9	19	13	2	10	4	12	11	18
Tempo de processamento	(p_i)	3	19	6	20	18	15	14	8	22	1	4	17	16	21	13	5	12	7	10	9
Penalidade de adiantamento	(h_i)	5	8	10	2	8	7	3	4	3	4	3	1	3	8	1	1	5	4	2	4
Penalidade de atraso	(w_i)	15	14	8	6	2	8	7	17	11	18	13	9	19	3	10	16	1	4	5	12

Esta sugestão é superior ou inferior às regras de despacho estudadas?

h) Para a mesma empresa e máquina, considere que todas as ordens têm a mesma data de entrega (igual a 12). Quais são as duas melhores sequências de produção?

i) Para os exercícios (a) a (f), desenvolva uma heurística de melhoria em VB com base no princípio *all pairs* e avalie se houve melhora nos resultados.

REFERÊNCIAS

ABENSUR, E. O. *Finanças corporativas:* fundamentos, práticas brasileiras e aplicações em planilha eletrônica e calculadora financeira. São Paulo: Scortecci, 2009.

_____. Um método heurístico integrado ao simulated annealing para a programação de tarefas em uma máquina. In: SIMPÓSIO BRASILEIRO DE PESQUISA OPERACIONAL (SOBRAPO), 43., 2011, Ubatuba. *Anais...* Rio de Janeiro: Sobrapo, 2011.

_____. Um modelo multiobjetivo de otimização aplicado ao processo de orçamento de capital. *Gestão & Produção*, São Carlos, v. 19, n. 4, p. 747-758, 2012.

_____. Orçamento de capital: um caso especial de sequenciação de projetos. *Gestão & Produção*, São Carlos, v. 20, n. 4, p. 979-991, 2013.

_____. A substituição de bens de capital: um modelo de otimização sob a óptica da engenharia de produção. *Gestão & Produção*, São Carlos, v. 22, n. 3, p. 525-538, 2015.

ABENSUR, E. O. et al. Tendências para o autoatendimento bancário brasileiro: um enfoque estratégico baseado na teoria das filas. *Revista de Administração Mackenzie*, São Paulo, n. 2, p. 39-59, 2003.

ABENSUR, E. O.; OLIVEIRA, R. C. Um método heurístico construtivo para o problema da grade horária escolar. *Pesquisa Operacional para o Desenvolvimento*, Rio de Janeiro, v. 4, p. 230-248, 2012.

ABEPRO – ASSOCIAÇÃO BRASILEIRA DE ENGENHARIA DE PRODUÇÃO. *Projeto Memória*. Rio de Janeiro, 2008. Disponível em: <https://www.abepro.org.br/interna.asp?p=399&m=424&ss=1&c=362>. Acesso em: 21 dez. 2015.

ANTON, H.; BIVENS, I.; DAVIS, S. *Cálculo*. Porto Alegre: Bookman, 2007. v. 2.

ANTONIO, C. S. P.; CASTRO, D. R.; ABENSUR, E. O. Gestão de estoques: um estudo de caso da indústria de pneumáticos. In: ENCONTRO NACIONAL DE ENGENHARIA DE PRODUÇÃO (ENEGEP), 36., 2016, João Pessoa. *Anais...* Rio de Janeiro: Abepro, 2016.

ARENALES, M.; ARMENTANO, V.; MORABITO, R. *Pesquisa operacional.* Rio de Janeiro: Elsevier, 2007.

BELLMAN, R. Equipment replacement policy. *Journal of the Society for Industrial and Applied Mathematics*, Philadelphia, v. 3, n. 3, p. 133-136, 1955.

BISKUP, D.; FELDMANN, M. Benchmarks for scheduling on a single machine against restrictive and unrestrictive common due dates. *Computers & Operations Research*, Amsterdam, v. 28, p. 787-801, 1999.

BRONSON, R. *Pesquisa operacional.* São Paulo: McGraw-Hill, 1985.

BUFFA, E. S. *Administração da produção.* Rio de Janeiro: LTC, 1979.

CAMPBELL, J. *O poder do mito.* São Paulo: Palas Athena, 2001.

CHARNES, A.; COOPER, W. W.; RHODES, E. Measuring the efficiency of decision making units. *European Journal of Operational Research*, Basingstoke, v. 2, n. 6, p. 429-444, 1978.

COLIN, E. C. *Pesquisa operacional*: 170 aplicações em estratégias, finanças, logística, produção, marketing e venda. Rio de Janeiro: LTC, 2007.

DA SILVA, D. G. *Teoria das filas aplicada ao dimensionamento dos pontos de carregamento de combustíveis.* 2014. 32 f. Trabalho de Conclusão de Curso (Engenharia de Gestão) – Universidade Federal do ABC, Santo André, 2014.

ENADE – EXAME NACIONAL DE DESEMPENHO DE ESTUDANTES. *Engenharia de produção.* Brasília, DF, 2011. Disponível em: <http://www.unipacgv.com.br/wp-content/uploads/2014/04/ENGENHARIA-DE-PRODU%C3%87%C3%83O-PROVA-2011.pdf>. Acesso em: 23 mar. 2016.

EUROMED – EURO-MEDITERRANEAN PARTNERSHIP. *Types of cargo we ship.* London, 2012. Disponível em: <http://www.euromed-uk.com/services.php#a10>. Acesso em: 5 nov. 2013.

GOLDBARG, M. C.; LUNA, H. P. L. *Otimização combinatória e programação linear.* Rio de Janeiro: Elsevier, 2005.

HEIZER, J.; RENDER, B. *Administração de operações:* bens e serviços. Rio de Janeiro: LTC, 2001.

HILLIER, F. S.; LIEBERMAN, G. J. *Introdução à pesquisa operacional.* São Paulo: McGraw-Hill, 2006.

KRAJEWSKI, L.; RITZMAN, L.; MALHOTRA, M. *Administração de produção e operações.* São Paulo: Pearson Prentice Hall, 2009.

LACHTERMACHER, G. *Pesquisa operacional na tomada de decisões.* Rio de Janeiro: Campus, 2002.

Referências   **189**

LARSON, R; FARBER, B. *Estatística aplicada.* São Paulo: Pearson Prentice Hall, 2007.

LITTLE, J. D. A proof for queuing formula: L = λW. *Operations Research*, Hanover, n. 9, p. 383-387, 1961.

MARKOWITZ, H. Portfolio selection. *The Journal of Finance*, Malden, v. 7, n. 1, p. 77-91, 1952.

MEYER, P. L. *Probabilidade*: aplicações à estatística. Rio de Janeiro: LTC, 1982.

MURTY, K.G. *Case studies in operations research*: applications of optimal decision making. New York: Springer, 2015.

REVELLE, C.; HOGAN, K. The maximum availability location problem. *Transportation Science,* Baltimore, v. 23, p. 192-200, 1989.

ROSS, A. S.; WESTERFIELD, R. W.; JAFFE, J. F. *Administração Financeira*: Corporate Finance. São Paulo: Atlas, 2002.

RUGGIERI, V. *Programação linear inteira aplicada à cobertura de assistência residencial*: um estudo de caso de uma seguradora brasileira. 2014. 38 f. Trabalho de Conclusão de Curso (Engenharia de Gestão) – Universidade Federal do ABC, Santo André, 2014.

SELEM, C. B. *Modelo de programação linear aplicado à rede de transporte*: um estudo de caso da indústria metalúrgica. 2014. 59 p. Trabalho de Conclusão de Curso (Engenharia de Gestão) – Universidade Federal do ABC, Santo André, 2014.

SILVA LEME, R. A. Aplicações industriais da programação linear. *Engenharia*, out. 1955.

TAHA, H. A. *Pesquisa operacional.* São Paulo: Prentice Hall, 2008.

TAHAN, M. *O homem que calculava.* Rio de Janeiro: Record, 2015.

TUNISI, D.; GIL, J. P. Z. *Aplicação da teoria de opções reais para o sequenciamento de projetos de investimento.* 2016. 28 p. Trabalho de Conclusão de Curso (Engenharia de Gestão) – Universidade Federal do ABC, Santo André, 2016.

UNIVERSITY OF ST. ANDREWS. *MacTutor History of Mathematics archive*: Biographies: Alan Mathison Turing. St. Andrews, 2003a. Disponível em: <http://www-history.mcs.st-and.ac.uk/Biographies/Turing.html>. Acesso em: 24 fev. 2017.

_____. *MacTutor History of Mathematics archive*: Biographies: George Dantzig. St. Andrews, 2003b. Disponível em: <http://www-history.mcs.st-and.ac.uk/Biographies/Dantzig_George.html>. Acesso em: 24 fev. 2017.

_____. *MacTutor History of Mathematics archive*: Biographies: Richard Ernest Bellman. St. Andrews, 2005. Disponível em: <http://www-history.mcs.st-and.ac.uk/Biographies/Bellman.html>. Acesso em: 24 fev. 2017.

VEGA, R. L.; ABENSUR, E. O. Um modelo de roteamento de veículos aplicado à decisão de substituição de equipamentos: um estudo de caso do mercado automobilístico brasileiro. In: ENCONTRO NACIONAL DE ENGENHARIA DE PRODUÇÃO (ENEGEP). *Anais...* Curitiba, 2014. Rio de Janeiro: Abepro, 2014.

RESULTADOS DE ALGUNS EXERCÍCIOS

CAPÍTULO 2

1b)

Pergunta: qual o *mix* de produção que maximiza o lucro respeitando as limitações de homens-hora (hh) disponíveis e que atenda à demanda?

Objetivo: maximizar o lucro.

Variáveis de decisão: quantidade de cada produto a ser produzida em cada máquina.

Restrições: (i) atender à demanda de cada produto; (ii) produzir até o limite da capacidade em termos de hh de cada máquina.

2d)

Minimizar o custo de distribuição $= Z = 300x_{11} + 300_2x_{12} + 300x_{13} + 300x_{14} + 500x_{21} + 500x_{22} + 500x_{23} + 500x_{24}$

Sujeito a:

$x_{11} + x_{12} + x_{13} + x_{14} =$ Produção da fábrica 1

$x_{21} + x_{22} + x_{23} + x_{24} =$ Produção da fábrica 2

$x_{11} + x_{21} =$ Capacidade do depósito 1

$x_{12} + x_{22} =$ Capacidade do depósito 2

$x_{13} + x_{23} =$ Capacidade do depósito 3

$x_{14} + x_{24} =$ Capacidade do depósito 4

$x_{ij} =$ remessa da fábrica i para o depósito j

CAPÍTULO 3

1a)

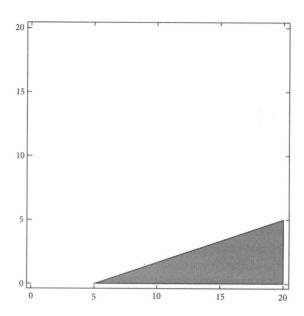

2b) $x_1 = 12$; $x_2 = 6$; FO = 12.

10) $x_1 = 0$; $x_2 = 0$; $x_3 = 0$; $x_4 = 190$; FO = 3.800.

13) 46,51 acres de gado e 13,43 acres de alface; FO = 9.460.

CAPÍTULO 4

1b) $x_1 = 0$; $x_2 = 5$; $Z = 40$.

3) $Z = 15.038$; Sab A L1 = 28.783; Sab A L2 = 4.131; Sab B L2 = 2.298; Sab C L3 = 8.745; Sab D L1 = 0; Sab D L2 = 9.279.

5) $Z = 18,7$; rota: 1-5-4-3-2-1.

12) $Z = 124$; $C_1(Z_2)$; $C_2(Z_3)$; $C_3(Z_5)$; $C_4(Z_4)$; $C_5(Z_6)$; $C_6(Z_1)$

CAPÍTULO 5

1a) Petrolina-Floresta-Caruaru-Recife (739 km).

4) Política ótima {19, 0, 18, 23}: Custo de 259.

6) Solução: (10,22,0,20,38,0). Custo de 274.

9) Política ótima: 0-8-8-8-8-2. Custo de 6.900.

CAPÍTULO 6

1.

a) Estritamente côncava.

b) Estritamente convexa ($x \geq 0$); estritamente côncava ($x < 0$).

2a) UB-SP = 4.000; UB-RJ = 3.000; UB-PE = 5.000; UB-MG = 2.000; FO = 812.500.

3) Fundo Renda Fixa = 0,4285. Fundo DI = 0,5715.

CAPÍTULO 7

6) (M) Chegada aleatória; (G) atendimento segundo distribuição geral; 6 atendentes

Capacidade do sistema = 30; tamanho da população = 500; ordem da fila = primeiro que chegar, primeiro a ser atendido.

10.

a) 37,5/hora

b) 32,77%

c) 47,62 produtos/hora

11.

a) W_q = 11,43 mín < 15 mín → o número de ATM é suficiente

b) P_0 = 6,67%

CAPÍTULO 8

3.

a) SPT (FO = 13.381).

f) LIFO (FO = 25.842).

i) Houve melhorias em todas as alternativas. Por exemplo, SPT: melhorou (HC = 13.381 > HC + HM = 13.216).

ÍNDICE REMISSIVO

A

Al-Khwarizmi 33

Algoritmo
  branch-and-bound 67-70
  GRG 116, 125, 129
  simplex 14-15, 33-36, 39, 60, 125

All pairs 167, 185

Análise de sensibilidade 43

API 166-167

Árvore de decisão 69, 89

B

Baldeação 45, 65

Bellman, Richard 99-100

Binário 67, 71, 81, 132

Bland, regra de 34

C

Caminho mínimo 74-76, 80-81, 101-104, 110, 113

Canal múltiplo 140

Canal único 140

Característica
  da aditividade 27
  da certeza 27, 43
  da divisibilidade 27
  da proporcionalidade 27

Coluna pivô 34

Composição química 53

Conjunto convexo 29-30, 127

D

Dantzig, George 33, 36

DEA 128

Degeneração 34

Disciplina de fila 142, 145

Distância crítica 83, 85

Distribuição de Poisson 144-145, 147, 151, 159

Distribuição exponencial 143-144, 147, 151, 160

Dual 40-44, 53, 64
  API 167

Dualidade 40-43, 120

E

EDD 174-175, 179

Enumeração exaustiva 108, 183

Equação recursiva 101-104, 112-113

Estágio 95, 100-110, 145

F

Fase múltipla 140

Fase única 140

FCFS 140-141, 145, 147, 151, 158

FIFO 141, 174, 177

Fila única 140, 145

Flow shop 163

Fluxo lógico 23, 31, 72

Fluxo máximo 76, 92

Forma de rede 49, 106, 109

Forma tabular 48, 50

G

Grafo 31, 101, 131

GRG não linear 125

H

Heurística

construtiva 164-167, 181

de melhoria 166-167, 170, 173, 185

I

Integração por partes 143

Interpretação econômica 41-43, 64

J

Job shop 163

L

Lei de Little 142, 158

LIFO 141, 174, 177

Linha pivô 34-35

Localização de instalações 15, 68, 83

Logística 16, 45, 55, 152

LSCP 83

M

Macro 168, 171-172

Maldição da dimensionalidade 108

Markowitz 120-121, 126

Matriz de covariâncias 126

Matriz de restrição 41

Medidas de desempenho 142, 145-147, 149-150, 152

M/M/1 141, 145, 147, 149-150, 152, 154

M/M/1/K 148, 150, 154

M/M/m 150, 152, 154

M/M/m/K 152, 155

Modelagem 3, 17, 23-24, 27, 30-31, 36, 71

MST 174, 175, 179

Múltiplas soluções 52

N

Não linear 115-117, 122, 125, 127, 131

Notação de Kendall-Lee 140, 141

O

Otimização 14, 36, 40-41, 53, 83, 117, 120, 129, 164, 180

P

Planejamento agregado 16, 54

PLMD 84

Pontos de inflexão 133

Portfólio 15-16, 54, 120-122, 124-125, 127-128, 134-135, 180

Preço-sombra 44

Primal 41-42

Princípio de otimalidade 100

Problema

   da mochila 71-73, 111, 164, 167-168, 171

   de transporte 45

Programação

   côncava 127

   convexa 127

   dinâmica 99, 100-101

   inteira 71

   linear 14, 27-29, 33, 36, 45-46, 49, 55

   não linear 67, 74, 83

   quadrática 127

R

Ramificação 68-69, 89

Recursão progressiva 101, 103-104, 110

Recursão regressiva 104, 110

Rede 49-50, 74, 76, 92, 101-103, 106, 109, 128, 131, 158

Regras de despacho 173-176, 185

Roteirização 16, 68, 80, 82, 131

S

Seleção de portfólio 120, 127

Sequenciamento 15, 180, 183

Solução básica 34

Solução ótima 28, 33-34, 36, 41, 44, 57, 62, 64, 69, 89-90, 92, 97, 100, 116-117, 127, 129, 163-164

Solver 36-39, 48, 60, 72, 75, 81, 116-117, 125, 129, 132, 136

SPT 174-176, 194

Substituição de equipamentos 15-16, 105

T

Teoremas para a PL 29-30, 60

Third-party logistics 55

Transição do estado 100

Turing, Alan 40

V

Visual Basic 168

W

WLPT 174, 178

WSPT 174-175, 178

GRÁFICA PAYM
Tel. [11] 4392-3344
paym@graficapaym.com.br